MEDDIC

世界一流的銷售技術

范永銀（范大）——著

目次 CONTENTS

第二部 MEDDIC實戰篇——絕對成交要訣

第三部 不到最後，永遠都有可能性

推薦序

人人都應該學會的世界一流銷售技術

許景泰

認識范永銀（人稱：范大）之後，也開啓了我對「B2B銷售技術」的全新視野。在此之前，我以爲頂尖的B2B銷售技術，不能複製、無法快速傳授，一切銷售技巧、心法、思維，也多流於經驗傳承，或不斷反覆訓練而成。但與范大花了一整年時間，打磨出「世界一流的銷售技術MEDDIC」線上課的過程，我深刻體會這是一套華文世界最完整的B2B銷售技術。如今隨著本書出版，我相信將讓更多企業主、銷售主管，與第一線銷售人員受益無窮。

這是一套完整B2B業務銷售的完全實操手冊，也是讓你把小訂單變大訂單的銷售菁英寶典。

在後疫情時代，每家企業得因應變幻莫測的市場。業務人員流動快，業務主管如果又沒有一套完整的系統方法，快速打造銷售菁英團隊，肯定會影響業績。別怕！這本書的內容能解決你的困境和難題。

本書作者范大在外商擔任銷售經理人二十五年，從世界一流的參數科技學銷售，到擔任科睿唯安大中華區總經理。范大在書中不藏私地將自己在五家全球知名外商，參數科技、組合國際、惠普科技、西門子工業軟件、科睿唯安所受的完整銷售訓練，融合自己多年的銷售心法，以有系統而精準生動的陳述方式，手把手地傳授給正在從事銷售工作、銷售主管，甚至企業高層的你。

如果你是業務銷售人員，業績起伏不定、收入不穩定，那麼這本書絕對會幫助你找到根本問題，提供一套有系統、可以檢視問題所在，又有很多實用技巧、派得上用場的銷售實戰做法。

過去世界一流企業都在用的MEDDIC銷售技術，現在終於可以在華文市場學習到全套思維、方法、技術。范大用一聽就懂的語言，搭配系統圖表、實戰技巧、故事案例，親自一一教會你。書中許多眞功夫的內容不流於紙上觀念，更多是可上戰場成交大單的實戰作爲、銷售技術。我保證，這是一套可複製的銷售技術，對於想做好B2B拓客、簽單、維護、成長，絕對是最好的銷售實戰指南！

如果你是業務銷售主管，范大在書中每一章節都會親自擔任你的銷售教練，有系統地告訴你，該如何常年業績一直都達標，還超標。

特別是成爲經理人後，你還能快速培養一個又一個銷售菁英，快速組建出冠軍銷售團隊！當然，我也推薦你買這本書後，搭配范大已推出的熱銷線上課程，將能更快幫助公司賺錢、業務銷售功力大增。運用世界一流企業都在使用的銷售技術，持續創造佳績！

學會世界一流的銷售技術，無論你身處哪一個工作崗位，都將讓你大加值、大加分，前途無量！

（本文作者爲大大學院創辦人）

推薦序

識人、識局、識言的專業態度

謝文憲

我跟范大在某次訓練場合中相遇，短短兩小時，我發現他有三大專長：

1. 識人：我們第一次見面，像是好友許久不見，對我的背景瞭若指掌。
2. 識局：同場仍有其他老師，有些人他或許不熟，但都能顧及平衡，從容交談。
3. 識言：該場為解析人際溝通與人格特質的專業課程，無論設備、類型解構，專業到位，不拖泥帶水。

有趣的「識」，就是有趣的「事」，同樣身為B2B業務工作者與企業銷售講師的我，在書中發現范大的業務成功祕訣：

1. 識人：他的業務選材非常有一套（4Rs）。
2. 識局：MEDDIC 確實是世界級業務工作者必備的銷售識局技能。
3. 識言：業務工作首重痛點激發，好好地問，永遠比好好地講更重要（六問）。

職場經驗三十一年的我，大多從事業務相關工作，其實講師工作也是另一種行銷，尤其是 B2B 行銷，若不能從更高、更不同的維度切入，很容易淪爲雞湯式書籍。范大的好書讓我發現：我能學習他業務銷售成功的關鍵（識他這個人），一窺他綜觀全局的業務導覽（識他的業務局），對於銷售流程 MEDDIC 的剖析精準無比（識他的言論）。這是一本可以讓業務工作者識人、識局、識言的三識好書。

（本文作者爲企業講師、作家、主持人）

推薦序

以 MEDDIC 六大方法，跟著范大走，就能絕對成交！

張敏敏

企業對企業（B2B）的銷售非常難以結構化，主要是因為這整串流程中，決策層級太多，並且每個層級各有考量，難以追蹤進度。曠日費時之後，才成就一單，成交後，其實許多銷售人員不知道為什麼會成交，也因為無法完全掌握成交關鍵，當然就難以複製成功要素，更遑論培養銷售菁英。

《MEDDIC 世界一流的銷售技術》一書，和其他銷售書籍不同的是，作者首先強調「個人品牌」的重要性，認為這是附加技術或產品價值的關鍵。接著本書從流程著手，以高度步驟化，切分「心態的設定」「拜訪的時機」「關鍵人物的應對」及「勝出的關鍵」等銷售段落。最讓人激賞的是第三部的〈永不放棄〉這一章，作者范永銀以親身經驗，談到「攻防戰」的執行要素，以及如何「救援」訂單。文字間，透露出強大的業務魂，以及爲了達標，可以如何放下身段，創造出簡直無法想像的萬種可能。

《MEDDIC世界一流的銷售技術》有節奏、有步驟地拆解，讓我們得以一窺國際科技公司的業務經理人成功之法外，更甚者，作者以自身經驗，巧妙地融入成交的額外元素，認爲成交過程需要「擁護者」，提醒業務不要只看大不看小。絕對成交，往往來自和各種人物的眞誠互動。

我自己曾經做過零售業的業務，在零售產業的銷售，至少有三套完整的銷售方法（SPIN、MOT、NLP），但是，企業對企業的領域，卻少有結構化的教材，往往都是經驗人的經驗談，難以令新人承接。也因此，要培養一個好的業務，其實都須花很長的時間。有了《MEDDIC世界一流的銷售技術》，你只要照表操課，加上作者故事的註釋，讀者在這充滿畫面的描述中，能輕易想像現場細節。步驟加上情境，閱讀時，很自然地在腦中就開始演練，也讓技術成形。

這是一本値得大大推薦的好書。展卷閱畢，我只有一個感想：以MEDDIC

六大方法，跟著范大走，你絕對成交！

（本文作者爲JW智緯管理顧問公司總經理）

前言

沒有天生的超級業務

我不是一踏入社會就做銷售。我的第一份工作其實是軟體工程師。但是，我花了半年、絞盡腦汁，好不容易擠出一個圖書館管理系統，老闆看了以後，卻搖搖頭嘆口氣說：「Nathan，你去當銷售好了，我看你和客戶的互動滿好的……」

從此，我踏上了不一樣的人生之路。銷售，成了我職涯的核心。

剛轉換跑道成爲銷售時，我很開心，總覺得銷售就是跟客戶聊天嘛，有何困難？之後離開公司，和朋友一起創業，賣過組裝電腦、開過幾家軟體公司，沒人教、沒系統，也沒財務概念，憑著初生之犢的精神不斷闖蕩，一部電腦賺個三、四千都好，如果賠錢，我也靈活地馬上換方向。就這樣一直摸索、不斷嘗試，花了很多時間心力，甚至也不惜財力。

後來，我三十歲時跑去參數科技投履歷。進入參數科技，是我人生的分水嶺，因爲他們培訓銷售的工具就是MEDDIC。這套方法，導正了我原本對銷售的觀念。

大家都覺得業務就是靠一張嘴，連我自己都曾這樣以爲。但是MEDDIC讓我明白一件事：**銷售賣的不只是訂單，而是一個共好的概念**。如果業務只在乎自己帳面上的業績，完成一張訂單就走，便會被「下一張訂單在哪」追著跑；相反地，如果好好做售後服務，協助客戶把你賣的產品效益發揮出來，數字不會騙人，讓客戶從數據上看見買你產品的好處，這樣還需要追著訂單跑嗎？客戶會自己找上門。

在銷售領域將近三十年，我看過不少銷售菁英，但很少看到能夠眞正帶領團隊的銷售主管。一名銷售菁英可能自己百戰百勝，但他不見得是好主管；而一名好的銷售主管的要件之一，是他必須具備卓越的銷售歷練與眼界。大家不要以爲護國神山張忠謀先生或者郭台銘先生，生來就是位高權重、人人敬畏的創辦人與董事長，如果他們不懂得銷售，沒有藍圖與願景，不可能成爲打造出台積電與鴻海的超級領導者。

沒錯，藍圖願景很重要！這是我們對於傳統業務印象中所沒有的內涵。如果單靠一張嘴，再怎麼厲害，就只是一般銷售；但如果能有廣大的願景，你才是銷售菁英。從銷售菁英到主管，都必須熟知任職公司的企業藍圖，這是一家企業的精神與靈魂，沒有它，企業動不了；不了解或不認同它，銷售很難推自己的產品，主管也很難帶領部屬衝刺業績。如果從上到下都能認同自家企業精神，對外接觸客戶時，一定會讓對方刮目相看，因爲這時銷售已經把自己放在高兩階去思考案子，與客戶老闆、CEO等高階領導者站在對等的位置了。能有這樣的視野與格局去和客戶對話，銷售自然可以無往不利，因爲你已經能夠面面俱到。

MEDDIC已在全球被各大企業使用並驗證超過三十年，是非常實用、有效的業務開發工具。我剛開始做業務時，沒有方法，從錯中學，只能用時間當學費，還無法眞正領略銷售意涵，直到學習MEDDIC，才掌握到銷售訣竅。因此，我深信MEDDIC可以幫助銷售人員更有效率、有系統地做好工作，提升

第一部

MEDDIC 概念篇

好好蹲馬步，概念先扎實

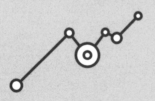

Chapter 01
銷售不是天生的，以及高手哲學

在開始談 MEDDIC 之前，我想先談談銷售菁英跟一般的銷售有什麼不同。

很多人都以爲銷售就是賣東西，只要能賣出、成交一筆訂單，就是達陣，所以一般銷售都是拚命衝「數字」——數字看起來越多越漂亮、訂單越多越好。這個思維沒有錯，但就是屬於「一般銷售」的層面。當你翻閱這本書時，我要帶你進入的是「銷售菁英」的殿堂，而 **MEDDIC 就是培養銷售菁英過濾案子成敗的最佳工具**。

首先，我先舉個在參數科技任職的例子。

剛去參數科技時，我整年的業績是一百二十萬美元（約臺幣三千六百萬元），年底時，我的業績掉了十萬美元，被老闆K了快一個小時。當時搞不清狀況，我還反問老闆：「才十萬美元，有那麼嚴重嗎？」老闆神色凝重地告訴我：「很嚴重！」

他說：「我們公司在美國掛牌上市，全球有五百個銷售，如果公司兩百個銷售每年都像你一樣少十萬美元，這樣總共會掉多少你知道嗎？」那就是掉了兩千萬美元。

「公司少了兩千萬美元的營收，對華爾街的承諾肯定無法兌現，一定會大幅影響股價，我保證隔天股價就從天上掉到地下！公司的市值損失絕對大於兩千萬美元。」我這才恍然大悟，原來我的十萬不只是十萬。

透過親身經歷，我要讓你明白銷售菁英的內涵是什麼。

兩個好態度與三個好功夫

兩個好態度：預測數字要準確、時間管理要精確。

三個好功夫：琅琅上口、異議處理、多元軟實力。

預測數字要準確

要成爲銷售菁英，對數字一定要很敏銳。我在參數的第一任老闆James常提醒我們：「你對數字認眞，它就會對你認眞！」

預測數字準確的四大好處：

一、**對自己：挑戰與承諾**——遇到挑戰如何面對並完成對數字的承諾。

這是很重要的態度養成，要以銷售菁英爲目標要求自己，就不能打馬虎眼，絕對不要有「這一季沒做好沒關係，下一季補回來」的想法。銷售數字本來就會有起伏，關鍵是，遇到起伏你要怎麼面對？

二〇〇九年全球發生金融風暴，企業都在緊縮，生意很難做，大家的業績數字都很差，當時我在惠普也面臨一樣的問題。每次報告預測數字都不準，也經常掉單，做不好的理由當然都是因爲金融風暴。第一次講，老闆可以接受，但第二次再用同樣的理由，老闆就會翻臉。他說：「Nathan，不是只有你在看報紙，金融風暴的事全球都知道。重點是，在金融風暴的影響下，你幫客戶做了什麼？如果你認眞幫客戶做了十件事，至少有行動方針，就算數字還是不好，我們可以再來討論還要再做哪十件事才有幫助，這才是銷售菁英的態度。」

當時被罵完後，我腦洞大開，日後這句話也成爲鞭策自己的座右銘。這兩年疫情肆虐，也建議大家不要再把疫情當理由掛嘴上，問自己：在疫情下，你幫客戶做了什麼？這才是老闆要聽、要看的。

二、**對同事：合作與信任**——同事之間合作默契培養，相信你的領導力、

圖一：預測數字要準確

- **對自己：挑戰與及承諾**
  遇到挑戰如何面對並完成對數字的承諾。

對同事：合作與信任

- 同事之間合作默契培養，相信你的領導力、結單力。

結單力。

在B2B複雜的銷售中，要完成一張訂單需要公司很多資源一起協助完成，包含售前、售後，或是國外顧問等資源。如果跟你合作的專案結單率很高，相信與你合作的同仁會有很大的成就感。不僅有戰功，也有機會拿獎金，所以你在公司的人緣一定會很好，大家都會想幫你。反之，就不用多說了。

三、**對老闆：負責與潛力**——成爲團隊標竿及貢獻者，加大責任培養未來接班。

你是公司的救火隊還是火災現場（經常掉訂單）？在西門子時，老闆一直提醒我們，銷售一定要成爲老闆身邊的救火隊，每當季末缺數字時，你能不能挺身而出，適時地補上老闆需要的數字？如果可以，你絕對會被重用。

四、對公司：股價與紅利——要資源給資源，要福利給福利，要紅利給紅利。

我前面舉了自己掉單十萬美元的例子，就是在說銷售要養成用更大、更遠的格局看事情，對公司承擔責任。

時間管理要精確

銷售有三多：會議多、報告多、對手多。處理這三多，時間管理就非常重要。

我在外商公司的工作經驗，尤其是美國公司，相當重視年會。疫情前，幾乎每年一月都要去美國參加全球銷售大會，往返最快也要一週，最慢兩週。接著是亞太區三天，再來大中華區兩天，最後臺灣也要辦一天。再加上過年，掐指一算，第一季只剩下不到幾天了。所以，對銷售來說，你不能用一年三百六十五天來計算，時間要抓得更短、更精確。

以資訊軟體業爲例：銷售一年扛的數字大概是一百二十萬美元（約臺幣三千六百萬元），所以每一季是九百萬元，九百萬除以六十（扣掉週末假日，一季以六十天來算）等於十五萬，所以你一天的產值是十五萬元。週一早上開個會，七萬五千元就不見了，你下午去拜訪客戶，是否能帶回十五萬的數字？

就像這兩年受疫情所累，各行各業都受到影響，但是龐大的基本需求，或因疫情而衍生的新興產業、市場，永遠都在。**銷售菁英能否快速調頻轉道就是致勝關鍵**。而選對客戶，也會讓你事半功倍。如果覺得眼前的客戶沒機會，該放棄時就要提早放棄，不要浪費時間，不要有太多懸念。選對客戶會讓你上天堂，選錯客戶就會讓你住套房，所以我們常說：**多賣一個奧客不會讓你有錢，少賣一個奧客可以讓你多活幾年**。

我在職場這麼久，很少看到有員工或銷售清楚了解公司的使命、願景、價值，以及公司內部的組織架構。曾經，科睿唯安公司舉辦百大創新頒獎典禮，在VIP休息室，我跟富士康的劉董事長交換名片，劉董問我：「科睿唯安公司的願景是什麼？」我馬上從西裝拿出公司製作的願景小卡片給他看，並流暢地說出公司的願景及使命。劉董聽我講完後說：「貴公司的願景及使命很令人尊敬，也很有情懷！」

我都會隨身攜帶這張小卡。如果當時身爲總經理的我無法清楚回答，那麼劉董會怎麼看待我們公司？未來合作的意願也可能會打折。如果對自己有企圖心，那麼就請你從所在的位置做起，好好認識自己的企業，把以下的資料牢牢記在心裡：

- **公司願景／任務／價值。**

- **營業額／員工人數／研發人員／全球辦公室。**
- **年度成長百分比／季度成長百分比。**
- **大訂單客戶。**
- **客戶成功案例及效益。**
- **產品趨勢及新功能。**

這些回答不能是概述，也不要籠統表示，而是要以精確的數字表達。

異議處理

在銷售過程中，客戶難免會對產品及服務有不同的反應與意見，銷售絕對不能跟客戶爭辯，要用智慧來處理，才會提升專業度。以購屋爲例，所有人提出的問題八成以上都一樣，例如：一坪多少錢、管理費多少、附近有什麼建設、公設比、總戶數、未來房子的增值空間等。如果是一家有制度的公司，就會利用週會，讓銷售們彼此互相分享異議處理心得。讓客戶滿意的有哪些？客戶提的新問題有哪些？大家藉此練習回答，把這些經驗累積成公司的知識庫，未來在新人教育訓練上，保證可以省下很多時間，又可以讓客戶滿意。這等於有了考古題，你還不事先準備嗎？

此外，「自問自答」可以讓你更熟悉應對，避免被客戶問倒。當你熟悉這些回應後，一定可以讓客戶對你產生信任感。從考古題來看，提問多半可以掌握到客戶在乎的問題，因此可以連帶去想像——當客人還沒有問，你把他想問的問題先提出來，並且有充分完整的答案時，客戶一定會有種「我要問什麼，你都知道」的感覺，就會覺得你很專業也很體貼，並產生信任感。這時候業務就可以主導整個銷售過程，節省銷售週期。

雖然銷售跟客戶談的是訂單、是工作，但我們畢竟都是人，人有溫度與情感，相處過程不可能一直談生意、談產品。如果你能上知天文、下知地理，什麼都懂都能談，打球、登山、潛水等興趣樣樣來，這樣面對客戶時，就能創造源源不絕的話題。不要小看這個我稱之爲「軟實力」的要件，很多時候，談成一個案子的關鍵往往不是在會議簡報過程，而是一頓飯、一杯咖啡之間。

在參數科技時，每一季都有教育訓練，在第一季新生訓練時，有一堂課是教銷售如何選餐廳、點菜，連這都要注意。第一次跟客戶高層吃飯時，盡量不要點帶殼的螃蟹或蝦子，也不要選擇糖醋醬汁等濃稠類的食物，因爲剝蝦麻煩，醬汁可能會弄髒衣服，如果沾到男士西裝、襯衫、領帶，或是女士的套裝，那就麻煩了。銷售也要盡量去了解紅酒，不是泛泛見解，最好要有深入的故事。所謂五子登科，人一輩子所追求的不外乎車子、房子、妻子、兒子、金子。如果你懂房子、車子、理財、教育及戶外休閒活動，相信你的價值會更高。多培養一些興趣，絕對沒有錯。

如何成為高手

我在萬維鋼的《高手思維》一書中，看到史考特．亞當斯的呆伯特法則。簡單說，如果你想取得出類拔萃的成就，有兩個選擇。第一，把自己某一項技能練到全世界最好，就像奧運選手，這非常困難，因爲需要不斷練習突破，極少人能做到。第二，你可以選擇兩個技能，把每項技能都練到世界前二五％的水準。這比較容易，同時擁有兩項能排在前二五％技能的人也很少，如果能把這兩個技能合在一起去做一件事，就可以取得了不起的成就。

亞當斯給年輕人的建議是，不管你眞正喜歡的領域是什麼，努力在這個領域熟練到二五％，接著還得再加一個領域，能加兩個更好。如果不知道該加什麼領域，亞當斯建議你去練習演講。他認爲，演講這種技能只要有意願苦練，就一定能練好。

以我自己爲例。我在資訊科技業的銷售管理能力，應該是可以排在臺灣前二五％，如果要再繼續前進到前一〇％，那必須花更多的時間及精力，可能需要出國念個名校碩士。但我也可以選擇加強第二個技能，因此選了跟銷售息息相關的心理學，看了很多相關書籍，研究十三年以上，目前在資訊界也可以排在前二五％。此外，我還花時間練習演講，挑戰 **TEDx**，到目前爲止，資訊科技業沒有太多人上過 **TED**。最後再把高爾夫球練到單差點，這四項技能對我在日後的銷售管理上有很大的幫助與成就。

Q 到底什麼是銷售？

A 銷售是門藝術，因為都是在跟人打交道，所以你要懂得應對進退，且要有堅忍不拔的性格，因為你常常得面對被拒絕。成功的銷售不是滿腹經綸、穿金戴銀，而是結構化思維。MEDDIC不是馬上就會，因此最好的方式就是一路打打殺殺，累積實戰經驗。即使被對手打趴，也會有新的領悟，這很珍貴。

Chapter 02

伯樂與千里馬相遇，造就銷售冠軍

這幾年在大大小小的企業演講、擔任教練，發現了一個普遍的問題：老闆多半都會跟我抱怨找不到好的銷售。我也會直接問老闆們：「公司都是透過哪些方法找人？」答案都差不多，七〇%靠人力銀行，二〇%透過外部朋友或公司內部員工介紹，剩下一〇%則是同業挖角。

這個章節主要是寫給身爲老闆的你看，或者有企圖成爲老闆、主管的你，也能好好訓練自己。

先確認你的企業是在穩定發展期，還是成長期

找銷售到底要找有經驗還是沒經驗的？這個問題在業界已經討論多年，我們可以從幾個角度來看。

如果是銷售變革性產品及方案的公司，像是工業4.0、數位化轉型、ESG等，都屬於新市場，很適合找沒有經驗的銷售，因爲比較會有空杯心態，容易栽培。再來建議找靈活一點的窮小子，他們爲了生存，戰鬥性比較強，會更主動。而穩定發展的企業，如果有新創的事業單位，也適合比照成長中的企業來尋覓銷售人才。前兩者若能搭配運用MEDDIC，就太完美了。穩定型企業的一般部門，通常會找有經驗的銷售，甚至不惜重金挖角，因爲這樣的銷售有一定的基礎和人脈，熟悉業界，可以馬上作戰，但有時會少了點狼性。

我最早待的參數科技，當時銷售3D、CAD機構設計軟體等，就是以積極成長型的企業風格訓練員工。參數會從各行各業尋覓具有銷售DNA的人才，當年我是個窮小子、也沒機械設計背景，他們就很願意網羅像我這種想

賺錢的人。參數科技被譽爲「銷售界的海軍陸戰隊」，原因就在此，他們大膽用人，且採取重金之下必有勇夫的策略。我當時三十出頭，年薪已有十萬美元，但薪水與獎金比例是三七比（三〇%底薪，七〇%獎金），底薪折合臺幣約七萬元，在當時算是很優渥。但他們希望你來就是要達標或超標，賺越多越好，所以大家拚了命工作。我也待過薪水與獎金比例是八二比的，

表一：找到對的人

	穩定型企業	成長型企業
有經驗 vs. 無經驗	通常會找有經驗的銷售，因為熟悉業界，可以快速上手。	如果公司有完善的培訓機制，可以找沒經驗的銷售，因為他是空杯，比較能照你想要的方向走。
富二代 vs. 窮小子	依公司需要。	建議一定要找窮小子，因為窮，想賺錢，才會有衝勁。
好青年 vs. 小聰明	依公司需要。	可能要不斷挑戰，並主動對客戶出擊，一定要清楚產業類型所需要的銷售。
被動型 vs. 主動型	依公司需要。	建議找主動型的銷售，因成長型企業一定需要主動出擊，意外訪問和拜訪客戶。
底薪高 vs. 獎金高	沒有一定，看公司政策，若是獎金高，較能夠訓練膽識，讓銷售勇於挑戰高薪。	

等於來上班就有薪水，所以講難聽點，銷售的積極性就會變弱。

底薪少一點，獎金高一點，大家衝勁比較強，但事實上，你們看參數給我的底薪並沒有不好，換言之，參數是很敢給的企業。我奉勸老闆與高管們，要膽敢用人、膽敢給錢。很多企業主也許會說：「外商當然薪水高、獎金高，本土公司無法這樣給。」我會問，如果銷售一年幫公司賺淨利四千萬元，身爲老闆的你，會給業務多少年薪？幾乎每個老闆都回答：「至少一〇％。」甚至有人說二〇％，換言之，老闆都很願意給到四百萬元以上。但眞的如此嗎？這就是很多企業的問題。老闆說到，但做到沒？

銷售菁英主管一定要做到4R

- Recruit：找到對的人上車。
- Review：用對方法審查。
- Retrain：持續培訓。

• Reduce：減少陣亡。

找到對的人上車，以一擋百

回到本章一開始，我說很多老闆都會抱怨找不到人才。結果一問，這些老闆們很先進，因爲他們都仰賴人力銀行。我不是LKK，也不是抗拒網路的便捷方式，但是銷售菁英的特質是需要面對面，也需要臨場反應。透過人力銀行也許可以覓得一般銷售，但銷售菁英是幾乎不可能遇見的。

那該怎麼辦？身爲主管或老闆，你每週應該要有半天去外頭閒晃，去展館參觀或參與研討會，目的不是研討，是去看人、挖掘人才。現場觀察，一直滑手機的就不用考慮，不怕與人交會、談天，甚至主動與人攀談的，就不妨留意，也許裡頭就有值得你栽培的銷售人才。這才是身爲老闆的你應該要做的。

在參數科技的時候，臺灣區總經理有一條規定，每個區域的銷售主管每週一定要排半天去外面找人才，且每週都要交書面報告。這個文化已經變成固定的SOP。或許你會問：「我現在不缺人，就算眼前有一匹千里馬，也沒用啊。」錯！你如果看到一個不錯的人，即使現在不缺人，但他可以很快地出去打仗賺錢，這對公司當然是好事。先找到對的人上車，以一擋百，你敢不敢？

《恆久卓越的修煉》（詹姆．柯林斯與比爾．霍吉爾合著）一書中提到，能打造出恆久卓越公司的第五級領導人，會先找對的人，再決定要做什麼。他們會先讓對的人上車，同時也讓不適合的人下車，再釐清車子要往哪裡開。當企業面對混亂失序、動盪不安等種種不確定時，根本無法預測接下來會發生什麼事，所以最佳策略是整輛巴士全部坐滿有紀律的員工，無論接下來碰到什麼情況，他們都懂得自我調適，交出漂亮的成績單。

當然，願意冒險的公司微乎其微，那是因爲沒有好的訓練工具，因此，MEDDIC的重要性就在此。你不用找一堆看起來乖乖的學生，慢慢訓練，而是膽敢用對的人，即使他不在這行業，或者你根本不缺人。運用MEDDIC，讓人才快速上手，替你賺錢，加速縮短試用期，也等於幫你省下成本，並且補足培

表二：如果從總經理的角度來看，銷售提早一個月出去打仗，將會替公司增加多少數字？

目標	新人銷售
銷售人數	4
任務目標 US$	1M
開始有產值所需時間	6 個月
每季數字 每月數字	250K 83K
提早一個月有產值將替公司增加	83K x 4=332K
產能提升幅度 2M to 2.33M	16.5%

養其他人力空窗期的營收。這筆成本很少人會注意，只有老闆才知道，才有感覺。

我們來舉個例子（請參考表二）。你現在有四個新人，每人預期一個月的任務目標是八萬三千美元，如果提早一個月出去做生意，等於替公司增加八萬三千×四的收入，即三十三萬兩千美元，這就是相對地增加產值。能提早上手出去打仗收單，為何要慢慢等？

用對方法審查

銷售主管在 Review 中最重要的工作有兩個：

1. 協助銷售，增加每個銷售產能，讓他們能夠精準銷售、減少時間的浪費。
2. 協助結合市場行銷部辦活動，產生客戶名單，並協助過濾客戶名單。這時主管跟銷售如果能夠建立共通的銷售語言，保證可以減少很多溝通的障礙。

持續培訓

MEDDIC 不是學完就沒了，要不斷訓練、開會簡報、討論、持續培訓。對於員工來說，第一年很重要，因爲有很多挑戰，包括對產品不熟、環境不熟，背負的數字又大，內外都很動盪，所以主管一定要幫他們賺到錢。此外，經營大客戶的技巧及精進銷售技能，也是重要的訓練重點。

減少陣亡

國外有統計，B2B銷售陣亡率大概是二〇%，這是一個很恐怖的數字。換言之，當你花了時間與金錢培養銷售，好不容易讓他們穩定下來，正

表三：如果從總經理的角度來看，每損失一個銷售，公司將會損失多少數字？

目標	銷售離職
銷售人數	2
任務目標 US$	1M
從離職到找到銷售	3 個月
銷售訓練到有產值	6 個月
銷售離開公司將損失 9 個月產值	每季 250K x 3 季 x 2 人 =1.5M / 2（有職務代理人）=700K
產能降低 2M to 1.3M	65%

可以發揮其才時，他卻跟你掰掰。身爲老闆，你能禁得起幾次這樣的人才流失？第一線如果永遠沒人打仗，可會累死自己。身爲主管，首先要確實了解員工各自的優勢、劣勢，因材施教、適才適任，分發區域或客戶時，按照他們的專長來分配。其次，每兩週一定要有固定時間坐下來一對一會談，傾聽他們的心得，協助解決困難，讓他們能夠安心穩當地向前走。這樣才能發揮作戰力、減少陣亡率。

表四：銷售主管的五大要求

- 每日要求銷售將市場情報分享給 TOP 20 位客戶
- 每週要求銷售至少有四個拜訪或展示
- 每月要求銷售安排一次高階拜訪
- 每季要求銷售至少分享一個成功案例
- 每年要求銷售準時完成新年度計畫

Q 銷售到底可以領多少錢？

A B2B的銷售，自己要很清楚目標，也要清楚達成超標一五〇%時可以領多少錢，這樣拚起來才有意思，因為這是銷售的動力。因此，銷售要找老闆問清楚自己的薪水獎金，甚至告訴老闆你明年想領多少！不要以為談錢俗氣，其實老闆都很希望積極的業務去找他請教，可以讓老闆指導你要怎麼達成目標。

Chapter 03

MEDDIC 源頭——關鍵六問

大約在一九九〇年，當時的參數科技業績發展得非常好，當時背景是 2D AUTOCAD 設計轉 3D 設計的變革初期。全球資訊大廠紛紛採用，成就了很多超級業務，當然也面臨業務被挖角的挑戰。

參數高層積極思考，如何在短時間內找到人才？如何在短時間內訓練銷售？如何在短時間內讓銷售們成交訂單？於是想到了一個辦法。那時候參數在全球的銷售人員約有五百位，總部決定號召全球銷售成績前一百名的銷售人員到美國總部開會，用「六問」爲會議架構，讓大家腦力激盪，不斷提問、討論。顧問群參考大家的心得後，歸納出六個最有力量的英文字，就是

MEDDIC。所以六問不僅是超級銷售的心法精華，也是 MEDDIC 的源頭。

不論你是老闆還是銷售，都可以不斷自問自答。身爲老闆熟悉這「六問」，才能好好引導你的銷售；身爲銷售，不斷自問，才能精準掌握訂單。

六問的核心目的是爲了讓銷售有一個參考架構：面對客戶時，你要拿什麼資料回來？面對主管時，你要以什麼方式回報進度？六問架構明確，就能有效執行檢討，而不是都在場上打仗了，還漫無目的地整備。

絶對成交的關鍵六問

關鍵六問可以分成兩個段落：銷售過程及銷售結果（如圖二）。

銷售過程的三個關鍵問題：

Why buy？**爲什麼要買？**

Why you？**爲什麼要跟你買？**

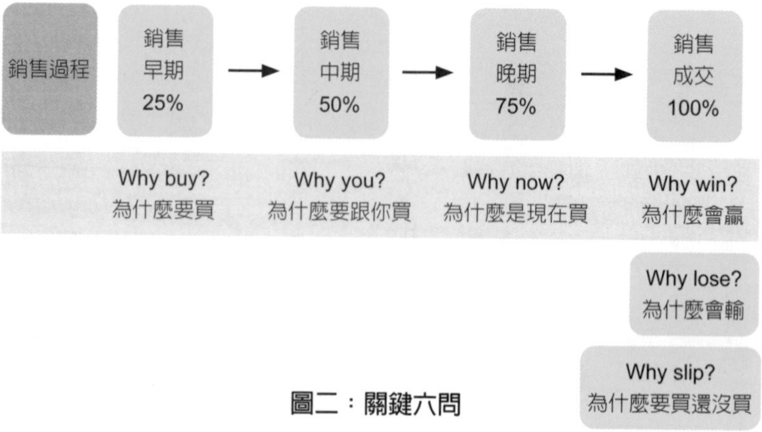

圖二：關鍵六問

Why now？爲什麼是現在買？

銷售後有三個結果：

Why win？爲什麼會贏？

Why lose？爲什麼會輸？

Why slip？爲什麼要買還沒買？

一問：Why buy？為什麼要買？

客戶買這要做什麼？解決什麼問題？誰要用？

這問題看似很普通，每個銷售都知

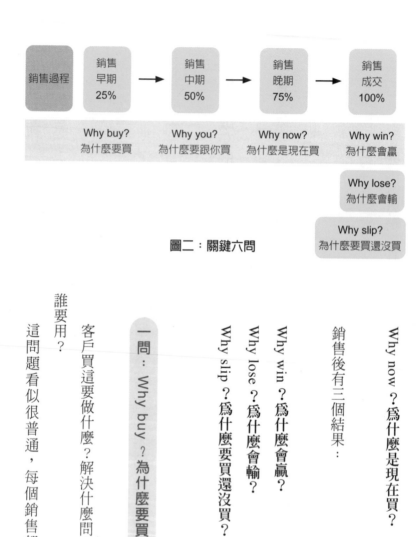

道，但要怎麼做才能挖出更多隱藏的資訊？可以從**痛點**、**買點**、**切點**三個角度切入。

找到痛點，要知道多痛、誰會痛、誰最痛，你才能切入；接下來評估客戶的決策標準是什麼，才會知道他的買點；最後，了解客戶過往的決策經驗，這樣才能更加明白他的動機。

以買車爲例。客戶爲何現在要買車？他的痛點是要舊換新，還是買新車？爲何要換車？又爲何要買新車？聽聽他的想法與經驗，你就會找到切入點。而他的買點，就是他的考量，包括車款是否喜歡、設備是否符合需求？價格預算如何？接著，你要確定爲何他要跟你買？是對手產品不夠好？服務不好？還是其他原因？你要找出來。爲什麼是現在買？這也一定有理由。

我舉自己減肥的例子。我曾經很胖，大家都叫我小胖，最高飆到八十八公斤。我有個朋友原本也是胖子，後來減重成功，我很好奇問他是怎麼瘦的，他要我先去買一臺可以測量體脂肪的體重計，我乖乖買來，也測好了，便把數據給他。沒想到，他竟然很嚴肅地跟我說：「小胖，你趕快去買保險。」

「為什麼？」

「你內臟脂肪十八，很危險！」他說這是中風跟心臟暴斃的高危險群。

「你不保險，萬一有個三長兩短，你太太怎麼辦？」

「你下午先把減重課程的訂單帶來吧。」我聽不下去了，趕緊解決這危機。

他下午就過來找我，我根本沒問多少錢就簽單了。後來兩個月內我瘦了十四公斤，而且還幫他介紹很多客戶。用我這被自己胖到嚇壞了的例子跟大家分享，並分析如下：

痛點——內臟脂肪過高的危險。

買點——解決肥胖問題的急迫性。

切點——朋友的成功減重分享。

所以，挖掘客戶痛點，要了解：有多痛？誰最痛？不解決會怎樣？越痛、越急，就越值錢。

二問：Why you？為什麼要跟你買？

我們可以從公司、產品、團隊這三個角度切入。

• 公司

公司有名嗎？品牌大嗎？

很多銷售會擔心自己是新創公司，或公司不夠大該怎麼辦？不用擔心，臺灣有九八%是中小企業，公司雖然不大，但品牌很有名，在某個領域或是賽道不僅是佼佼者，甚至是全球第一的企業，這就是我們俗稱的隱形冠軍。

• 產品

公司提供的產品與服務是否有獨特性？

Number one：你的產品或服務在哪個領域是**第一名**？

Fast one：方案是否能**很快**上線？**很快**學習？**很快**找到人？

Only one：公司擁有的核心技術，也是**獨家**的概念。

現在，請你思考一下公司的三個 one 是什麼。

• 團隊

客戶對你們公司的產品及方案背後支援的團隊，信任度有多高？現在科技進步快、方案變化多，所以公司有沒有敏捷支援的團隊，攸關能否取信客戶。

三問：Why now？為什麼是現在買？

這是我最喜歡問銷售的一個問題。我們以急迫力、加速力、趨勢力三個維度切入思考。

● **【急迫力】有購買的壓力，不買會怎麼樣？**

這是時間問題，爲何不是上個月買、下個月買，而是現在？客戶是不是有限期的痛？或者遇到新舊系統整合的痛？還是遇到年度預算要執行的壓力？這通常會在年底發生。

● **【加速力】內外部是否有助力幫你加速拿到訂單？**

這常常發生在臺灣電子五哥OEM的廠商之中，因爲他們要接上游客戶的訂單，所以最好使用同一套設計工具，設計圖檔轉換才不會有問題。戴爾電腦及惠普電腦都曾使用參數科技的工具Pro/E來做機構設計，所以下游的電子五哥如果要接單，最好能夠採用參數科技的工具Pro/E。那時參數每位銷售業績都超標二〇〇%以上。

● **【趨勢力】跟不上全球趨勢就會被淘汰**

未來十年，全球企業都需要走向數位化轉型及導入ESG，你的產品或服務能否跟上政策的變革、趨勢的腳步？跟得上，訂單當然是你的。

四問：Why win？為什麼會贏？

首先恭喜你贏了訂單，但勝不驕敗不餒，你要馬上思考三件事：做成、做好、做大。

做成：成交拿到訂單，通常我會請銷售自信地說出客戶跟你買，而不跟其他人買的原因，請他列出三點。

做好：成交是一切美好的開始，而不是結束，通常銷售賣完就跑了，開始尋找下一個機會，但這不是正確的心態。銷售菁英一定會把成交客戶的效益量測指標完成，讓客戶有豐厚的投資報酬率，建立強大的服務與口碑。

做大：一名好銷售的定義是，「老客戶的續購能力，而不是新客戶的開發能力」。對於未買完的客戶要思考如何讓他願意回購，而開始規畫第二階段，以求買好買滿。買足產品的客戶，要讓他們變成業界的意見領袖。一位成功的客戶幫你講一句好話，比你講十句都還有用，效益遠勝過你跑遍大江南北。

五問：Why lose？為什麼會輸？

失敗爲成功之母？跌倒時不要馬上站起來，想清楚後再站起來。要知道輸的原因，下回你才會贏，所以要從三方面來釐清問題：公司、組織、線人。

公司：如果是對手惡意殺低價、搶客戶、價格沒原則，就不跟進，讓他拿去。如果跟進削價競爭，那之前在客戶身上的所有貢獻都白費了，也會造成客戶從此以後不相信你。

組織：商業模式及科技變化太快，公司組織調整也經常發生，預算隨時可能因爲專案效益不高就被挪用到其他部門，所以一定要突顯專案的效益，不要讓客戶主管有機會砍掉你的案子。

線人：你的樁腳、擁護者是不是夠強？如果你的競爭對手在客戶端的樁腳是總經理，你的樁腳是副總經理，誰強？這樣你的案子風險就很高。

六問：Why slip？為什麼要買還沒買？

通常有三個常見的原因。

流程太長：這是所有銷售人員的夢魘。合約要蓋很多章、過很多關，很多時候也會卡在合約條款，即使找老闆幫忙，遇到法務，牽涉到公司的權益，老闆也使不上力。其次就是休假節日多，整個簽核流程都會延誤。

壓力小：客戶雖然同意執行這張訂單，但新方案沒人可以執行，需要從業界挖人。換言之，對客戶並沒有迫切壓力，這張訂單就會被拖延。要想想有沒有補救措施。

對手鬧：業界這種狀況滿多的，當對手知道自己要輸了，就會亂丟價格，放假消息，或是丟最低價讓採購來跟你殺價，拉長你的成交時間。

圖三：養成習慣每天六問，練成反射動作

Why buy
為什麼要買？
痛點／買點／切點

Why you
為什麼要跟你買？
公司／產品／團隊

Why now
為什麼是現在買？
急迫／加速／趨勢

Why win
為什麼會贏？
做成／做好／做大

Why lose
為什麼會輸？
公司／組織／線人

Why slip
為什麼要買還沒買？
流程／壓力／對手

Q 關鍵六問到底有什麼好處？

A 銷售江湖上有句名言：「比武要贏，要找葉問；銷售要強，要練六問。」

如果你是銷售，關鍵六問幫助你在面對銷售流程的每個階段，能更精準掌握客戶需求及需要的資源。銷售不只是跟客戶喝咖啡、聊是非，該問的問題沒問，只撈回八卦，那是沒用的。其次，當主管考核你對案子的掌握進度時，六問能幫助你回報得井然有序、邏輯清楚，主管對你也會留下好印象。

如果你是銷售主管，關鍵六問可以幫助你在整個銷售過程了解每個業務的進度，隨時扮演好後勤補給資源的角色。你不能只待在辦公室看報表、罵銷售，卻無法協助他們解決問題。六問幫你建立團隊分享學習的氛圍，建立知識庫，複製銷售力，讓銷售經驗可以傳承。千萬不要一直提自己的當年勇，大家已經聽膩了，就饒了他們吧。

Chapter 04

MEDDIC 的一流銷售技術

在進入本章之前，先給大家四個非學 MEDDIC 不可的理由。

1. 最多全球知名公司使用

包括 Salesforce、PTC、Zendesk、MongoDB、Sprinklr、ANSYS 等企業，從主管、銷售到售前售後技術及顧問都在學。多家外商公司招募銷售時，也會把有學過 MEDDIC 工具作爲優先錄取的條件。

2. 複製銷售菁英最快

參數科技用 MEDDIC 來訓練全球業務人員，創下連續超過十年、四十季成長的驚人紀錄，也在短短十年內成功打造超過十億美元的世界級軟體企業。到目前爲止，還沒有軟體公司能打破這個紀錄。

3. 最好的升官發財工具

就拿我的個人經驗來說，二十五年來在銷售職涯上應用 MEDDIC，讓我從銷售人員變成銷售主管，再成爲外商總經理，就是最好的見證。

4. 最省力的帶人技術

我多年來運用 MEDDIC 銷售工具，幫助團隊帶來共同的銷售語言，節省溝通時間，協助銷售提早放掉不會贏的案子，避免浪費時間資源，且可縮短銷售週期並拿下大單。

嚴格來說，MEDDIC 拆開來，業務可能每個單字都認得，也了解背後涵義，看起來沒什麼大學問，但是爲什麼眞正執行的企業少之又少？我認爲老闆能否貫徹是主因，而銷售的認知與對自己的企圖心也是重要因素。

MEDDIC 是由六個英文字母所構成。以下用飛輪圖來解釋，你會更清楚這

M（Metrics）	E（Economic buyer）	D（Decision criteria）	D（Decision process）	I（Identify pain）	C（Champion）
效益量測指標	決策購買者	決策標準	決策流程	找痛點	擁護者

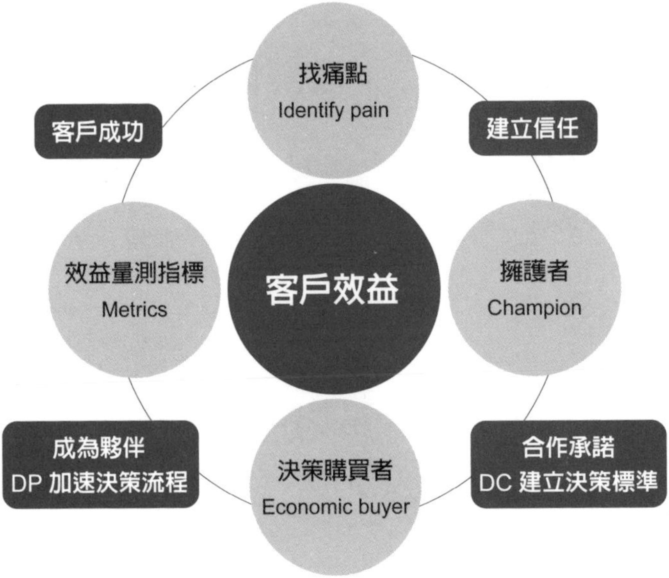

1. 找到客戶、找到商業的痛點（Find business pain）。
2. 從痛點找到最痛的人，取得信任，培養他成為你的擁護者（Champion）。
3. 讓擁護者願意跟你合作，帶你去找決策購買者（EB）。
4. 決策購買者認同你的方案後會幫你找錢。
5. 決策購買者會幫你加速流程，給你大單。
6. 把專案完成，產出效益量測指標，呈現給決策購買者。

圖四：MEDDIC 銷售飛輪

六個概念的關聯性與意義。

很多銷售覺得壓力很大、業績難達到，但透過 MEDDIC 的銷售飛輪就能一目瞭然。MEDDIC 可以把整套模式化繁爲簡，銷售其實一點都不難。只要做好以下介紹的六項銷售邏輯鏈，保證你成爲銷售冠軍。

一、效益量測指標，讓你跟一般銷售截然不同

Metrics 是 MEDDIC 第一個字母，這個字對我有重大意義。影響我個人的部分，後面章節會仔細談到，這裡先就概念來闡釋。效益量測指標，就是我們經常講的投資報酬率。

當銷售在洽談一個案子之前，就要開始思考：你提供的產品或服務，是否可以幫客戶產生可衡量的效益？客戶花錢買了你的方案，一定想知道他的投資多久可以回收，以及有多大的效益。舉例來說：

表五：MEDDIC 的成效

專注在質量	· 提高流程質量及預測準確性。 · 減少折扣拿大單。 · 提早放棄不會贏的案子，節省公司資源。
檢核	· 容易學習。 · 容易執行。 · 快速過濾案子，節省自己的時間。
揭露差距	· 縮短銷售週期。 · 清楚下一步行動。 · 清楚自己目前的所在位置。
自我管理	· 增強銷售紀律。 · 讓銷售管理更簡單。 · 快速尋找解決方案。
共通語言	· 團隊有相同的溝通語言（包含技術人員及顧問）。 · 可以減少溝通錯誤所產生的成本。 · 提高團隊效率。

1. **省時**：你提供的產品或服務，客戶使用後能否從三天變成一天？

2. **省人**：客戶導入你的產品後，人力資源可不可以從五個人變成一個人？

3. **省錢**：要一次花五百萬元自行建機房建構雲端，還是買服務，一年花一百萬？

當訂單成交後，銷售不要急著去找下一個機會，應該全心投入，協助客戶完成效益量測指標，並分享給決策購買者，讓他們認同你提供的方案價值，以建立信任。如此一來，客戶在不久後就會給你第二張訂單。

MEDDIC在五個環節上對銷售幫助很大。

二、決策購買者，是你成交的關鍵

不要以爲有擁護者就萬無一失，眞正決定你的訂單能否成交，還要找到決策購買者（E，Economic buyer），而且要盡早見到。決策購買者通常有三種類型：第一類，**有能力主導及控制預算的人**；第二類，**可能是CEO、老闆、資訊長、技術長或部門主管**；第三類，**能夠唱反調的人**，這種人當所有人都說「No」的時候，他能說「Yes」，反之亦然。

這三種類型的差別是什麼？第一類，他有權掌握購買，也就是說他有權力運用資金，甚至幫你找錢。第二類，可以想成是「可能」的決策購買者，這要視案子規模、企業文化等不同因素而定，有時候是CEO決定，有時候要到董事會，有時可能是資訊長，有時可能是部門主管就可以決定了。以採購筆電爲例，買一部跟買十部、一百部，或是集團更換廠牌、對外慈善捐贈一千部，都會因專案及預算規模而牽動不同的決策購買者。第三類唱反調的人，之所以能成爲翻盤者，表示他有最後決策權，如果你能把這種決策購買者納爲擁護者，那你不僅功力了得，而且是百分之百成功！

不論哪種人是決策購買者，我強烈建議、甚至認爲銷售菁英必須做到的，就是一定要提早見到決策購買者。你得了解他的期望與挑戰，不然花再多時間，即使案子看起來就快到手，但如果被決策購買者否決，等於白忙一場。早一點見到決策購買者，且至少見上兩次，更能確保不會發生煮熟的鴨子飛了這種窘境。

三、決策標準，讓你確定是否可以合作

這裡講的決策標準（D，Decision criteria），是指客戶決定要不要跟你做

生意的標準。客戶可能考量的面向包括：你們的技術規格是否符合？付款條件你能接受嗎？你這家供應商的信譽與口碑如何？決策標準不只是你在企業之間談生意時才會有，日常生活中買車、購屋，心裡也都有一套決策標準。

我們以資訊系統爲例：

1. **技術標準是什麼？**

①符不符合基礎架構？包括系統疊代、雲端架構、安全性。

②系統能否整合？舊系統、其他系統，與新系統的整合性，能否符合未來趨勢。

③容易使用嗎？未來找人才是否容易？

科技進步太快，產品系統升級頻繁，資料整合及安全會是一大考驗。

2. **財務標準爲何？**

①風險，②導入時間，③商務條款。

客戶一定會思考案子要花多少錢？從初期建構到後續維護，如果維護費用比建構貴，那對方就會考慮；再者，假如客戶提出的付款條件是月結一百八十天，但你的公司規定月結三十天，怎麼辦？公司可以接受嗎？

3.供應商的口碑爲何？

①公司規模、公司品牌。

②服務支援人數多寡。

③信譽口碑、公司未來策略及市場評價。

你們是外商還是本土商？如果是外商，那麼在地有多少人？試想，你要買賓士、BMW，還是豐田？你所考量的內容，就是這套決策標準，你會在意車型規格合不合你的期待？價格你能接受嗎？日後的修理費用是否能夠負擔？你的付款方式跟車商一致嗎？車商公司的信譽怎麼樣？

這套決策標準，你也可以在生活中運用，熟悉這個邏輯，運用在客戶上就可以快猛準狠。

四、掌握決策流程，你的業績才會踏實

了解客戶的決策流程（D，Decision process），才能確定這張訂單究竟能否如期拿到。如果你興沖沖告訴老闆三千萬的訂單快簽下了，結果搞半天，還要跑上兩個月流程才能確定發訂單，老闆豈不瘋了？所以你對客戶的決策流程要很清楚。

典型客戶有三種標準流程：

1.選商評估流程

客戶通常在評選技術時，會把可能可以合作的廠商找來，可能是透過簡報，或技術驗證，以及需求建議書分數，來決定最後得標廠商。如果通過了，那就恭喜你。接下來就是下一個流程。

2. 商務採購流程

這就是跑合約的流程，我曾經簽過一天的合約，也跑過一百八十天的合約，這跟公司大小有關。一天完成是老闆直接簽了，一百八十天的就要經過很多部門，層層向上。

3. 法務審核流程

這個流程是銷售的夢魘，七〇％的訂單滑掉，都卡在這裡。爲什麼？因爲現在很多新的商業模式（如 SaaS 訂閱模式），合約每年都要重簽，而且公司每年漲價，法務就必須進來看合約，這會牽涉到安全性、地域性。例如雲端伺服器放在哪裡，美國、歐洲跟新加坡的規定就不一樣，所以法務審查合約就會花掉很多時間。老闆在這個流程中也幫不上忙，因爲法務相關問題就是要很細膩地去處理。

你當然不是被動等待，而是要提早開始應戰。要及早掌握決策流程涉及多少部門、多少合約，才能掌握好時間，甚至提早去跟這些相關部門連結，而不是一直在那邊傻傻等。

五、做生意，一定要找到對方的痛點

找痛點（I，Identify pain），一定有人會痛，誰最痛？最痛的人就是苦主，公司要仰賴這個苦主解決某個問題。你只要找到這個人，讓他信任你，確認你可以幫他成功，把這個人變成你的擁護者。接下來就可以把決策標準、規格確定下來，競爭對手就很難打進來，你們將會合作愉快。

痛點又可分爲三個層面來理解：

1.**上層公司**（Financial pain）**：跟錢有關**。

這層面主要是與預算相關，也會觸及到投資報酬率的問題，包括人力、材料、生產與管理等成本。

2.**中層部門**（Process pain）**：跟流程有關**。

跟時間有關，焦點是在效率上，包括各種審批流程、產品設計週期、進出貨、交貨時間等。

3.**下層員工**（Productivity pain）**：跟生產力有關**。

主要考量生產力夠不夠、大不大，需要考量的指標包括人員的能力、業績、流動率等。

痛點越大，痛值就越高；急迫性越高，簽單速度就越快。

六、找到擁護者，打好基礎

關於擁護者（C，Champion），在銷售圈裡有一句經典格言：「No champion no deal, big champion big deal.」一般銷售手中大大小小的客戶至少數十個以上，當然也有一些大客戶。不管有幾個客戶，事實上你很難每天都在客戶端守著。當你不在客戶端的時候，誰可以幫你銷售？誰可以幫你講話？誰可以幫你跑流程？所以我們在客戶端一定要培養一個或一個以上的擁護者，也就是我們俗稱的「椿腳」。不過，擁護者當然涉及公司內部的人事組成，因此必須從幾個面向評估你的擁護者，包括：

1. 地位：擁護者有足夠的權力和影響力嗎？

2. 加速：他有能力幫你在企業內部銷售，並縮短銷售流程嗎？

3. 關係：他爲什麼要幫你？你如果拿到訂單，對他的幫助是什麼？你對擁護者的成就清楚嗎？

此外，別忘了你有擁護者，競爭對手也會有。要思考：對手的擁護者是否比你強？對手的擁護者比你的擁護者職位高嗎？不要到最後案子輸了才發現。

總而言之，沒有擁護者的單子肯定是失敗的單子。

Q **MEDDIC 聽起來很容易，但到底要怎麼運用？**

A 可以用幾個步驟來學習並實踐 MEDDIC：

1. 先僵化——先研究 MEDDIC，把自己變空杯，深入吸收。
2. 再消化——勤做筆記，練習「說」跟「寫」，與人分享。
3. 想優化——你從業的商業模式或許不同，國外有一些 SaaS 企業多加了兩個字：P（Paper process）紙張流程、C（Competitor）競爭者，變成 MEDDPICC，但核心不變。
4. 成固化——變成公司 SOP，從高階主管到技術顧問都要確實執行。
5. 變內化——不斷在每個案子上練習，直到 MEDDIC 成為反射動作為止。
6. 可孵化——用 MEDDIC 快速幫公司培養更多銷售菁英。

第二部

MEDDIC 實戰篇

絕對成交要訣

Chapter 05【M】Metrics

你好、我好、大家好——效益量測指標是共好

Metrics，效益量測指標，是我銷售職涯中很重要的一個字。

在擔任科睿唯安大中華區總經理時，曾有位記者採訪我，他問：「二十五年來，從小銷售、超級銷售、銷售總監、臺灣區總經理再到大中華區總經理，如果用一個字形容您的成功要素，那個字是什麼？」

我的回答就是效益量測指標。

為什麼這個字這麼重要，至於含括幾乎我整個職涯？銷售也好，管理業務也行，我想絕大多數的人對於這份工作的認知是訂單成立、東西賣掉就是業績，因此從業人員的模式就是不斷追逐下一張訂單。「下一張訂單在哪？」是

最大的壓力與擔憂；相對地，當你焦點放在下一張訂單在哪時，就不會有心力去思考剛成交的客戶其後續的需求。

Metrics 這個字在參數的訓練中稱爲效益量測指標，這個效益不是你的個人業績，也不是成交前你要給客戶秀出多少承諾、證明效益多好，而是訂單成立後，花時間用心地跟團隊與客戶完成專案所提出證明的實際效益。

銷售菁英可據此面對客戶，效益在哪清清楚楚，哪裡省成本、省人力、效率提升多少，都有數據證明。我們常常把「站在客戶立場」講得很順，好像大家都清楚知道這是基本功，但我會說「站在客戶立場」是空話。你有檢測指標可以證明嗎？唯有拿出效益量測指標才是王道。

這個做法對於很多人來說，或許是一種超級顚覆的想法。以下簡單舉例。

賣減肥產品的銷售，一定會爲客戶做出使用前、使用後的對照表，讓他一目瞭然。你也會關心客戶使用減肥藥後的狀態，這是很自然的。就連信用卡都會分析你的消費模式，那爲何身爲銷售的你，不爲客戶做出效益量測指標？這是基本的動作，卻被銷售省略，但銷售會忽略，也跟主管、老闆有關。因此，如果你是銷售菁英的主管或老闆，請記得要扎實地要求銷售，成交客戶後要做好這份效益量測指標，這是從一般銷售蛻變成銷售菁英的重要第一步。效益量測指標做得好，可以幫助你的擁護者升官，他自然就會跟定你。我一路以來，幾乎每個案子都有一個擁護者，我幫他、他幫我，我的工作就是幫他在老闆面前建立戰功、讓他升官，信任關係自然就建立起來。他明白我的助力，因此不論調去哪個部門、甚至跳槽，仍會找我服務。我們的合作關係就會一直延續。

我們換個角度思考投資者投資任何一個標的，一定都會希望回報，對吧？這道理很簡單，錢丟出去，一定要有聲音，不能靜悄悄。透過效益量測指標，你可以幫助擁護者，讓他在老闆面前表達，跟你做生意是幫公司省錢；相對地，就是賺錢。這樣幫助你的客戶，訂單的回購力一定很強。

不妨自問：當你想投資一個標的，你在意什麼？不外乎多久回收、回收幾倍、誰來做。

如果是幾位剛畢業的人來執行你的專案，兩年後回收二％，你會買單嗎？如果是派公司最好的顧問來執行，兩個月回收三倍，你不心動嗎？如果加上其他成功案例佐證，一定成交。因此，只要有做效益量測指標，銷售拿大單就不難；反之，很難。

同樣類似的場景，如果朋友邀請你去投資一間餐廳，他告訴你三年回收五%，你會投嗎？如果他說一年就可回收兩倍，但餐廳負責人是他同學剛大學畢業的兒子來負責，你會放心嗎？

或許你會說：「疫情這種不可抗力因素，會延誤回收成效。」沒錯，但你可以回報客戶，讓他知道效益回收時間會延後，對方也能理解。不論外在環境如何發展，身爲銷售菁英，你一定要記得：不是賣了就沒事。普通銷售只想著把產品賣光，因此都會急慌慌地追下一張訂單。我要說的是，**成交才是真正的開始**。

善用效益量測指標，它會教你三件事：

一、**轉念：從更高的維度看銷售。**

二、**價值：尋找效益量測指標的價值。**

三、展示：效益量測指標的使用時機。

一、轉念：從更高的維度看銷售

很多年輕銷售拜訪客戶時，會害怕見老闆。身爲銷售，尤其是銷售菁英，你要有初生之犢的勇氣，完全不用怕。只要把自己當成新創公司的CEO，以CEO的角度看事情，就會和客戶站在同一條水平線，視角也會跟一般銷售不同。只要記得一個基本原則：客戶跟我買東西，是要解決他的什麼問題？產生什麼效益？跟客戶、老闆談這個就好，其他不用多說。

不論對方跟你買什麼方案，他爲什麼喜歡跟你做生意？就是因爲你能幫他把錢賺回來，所以不用擔心自己剛出社會、年輕、經驗不足，只要能幫客戶省錢，你就成功了。而效益量測指標就是幫助你的重要工具。

見老闆之前，要準備好所有資料，不然跟他見面只是爲了喝咖啡？他哪有時間！我曾幫電子五哥的客戶做一項專案，兩個月後爲他們做一份效益量

表六：客戶原本的設計時間與使用 S 公司設計的時間對比

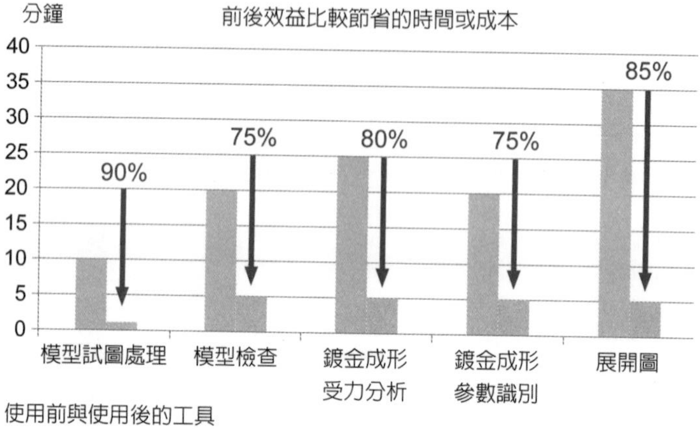

預估每年可節省超過上億元
節省的時間可以讓銷售多接訂單
產品報廢節省 30%
人力預估減少 50%

測指標，讓老闆明白看見——

原本做圖要花十分鐘，用我的工具只要一分鐘；檢查一個模型原本要二十分鐘，用我的只要五分鐘；做板金的工具每次要二十五分鐘，用我的只要五分鐘；他們設定參數每一次要二十分鐘，用我的只要五分鐘。

如果你是老闆，看到我這份簡報，心裡不

會偷笑嗎？一定很開心！跟你合作案子可以幫公司省這麼多時間，省下來的時間，還可以再去做別的案子。此外，良率變高、報廢品也減少三〇％，老闆會想：「我花這些錢，竟然可以省這麼多錢。」這就是效益量測指標的效用。如果你手邊每個案子都這樣做給客戶看，一定很快就會成爲銷售菁英。

就公司整體發展來說，假設有十二位銷售，每季一個人做一張效益量測指標，一年就有四十八張。換言之，一年就有四十八個成功故事。你每天跟客戶講這些故事就講不完了，而且這是眞眞實實的數據，講出數據背後的導入過程，客戶絕對喜歡聽。

你可以想像：本來你只是把產品賣給研發部，幫他們縮短設計時間，但研發部門提升效率，連帶是否也可以幫行銷多接單子？當然可以。業務單位原先一年只能接一個案子，但是用了你的產品方案，研發部改善效率後，就會影響到業務單位。這不誇張，身爲銷售的你，要懂得如何去連結，視野要廣，不要只聚焦在單一部門上，你的影響力一定會連動到其他部門。良率提高等於報廢減少，也會連動到財務。

回到減重的例子。我瘦了，除了對我有幫助，對公司有沒有幫助？當然有，因爲我變得健康，工作效率變好，等於是幫公司加分。對家人有沒有幫助？當然也有，我是家庭的經濟支柱，我減重變健康，家庭因爲我而穩定、安全，不必擔心受怕。

同樣地，你使用效益量測指標時，幫助 A 產生效益，就要把它放大，小題大作，連帶銷售、財務都會擴大效益。對老闆來說，你本來只是做研發的案子，卻幫助他整個公司的年度預算省下一大筆錢，甚至連人員都可以減少，到處都是錢。哪個老闆會不開心、會不想跟你繼續合作？成交後把效益量測指標當作目標，到處都可以找得到效益和數字。

二、價值：尋找效益量測指標的價值

前面說到處找得到效益，這邊就要讓你知道效益藏在哪。答案是六個地方、四個價值、兩個指標。

圖五：六個地方

六個地方：產、銷、人、發、財、資

舉例來說。你賣工業級機器人，現在大家都會強調工業4.0，要增加效率、減少成本，你的工業機器人效益，會在哪裡展現？對什麼有幫助？第一個一定是生產，那人力可不可以省？當然可以。這兩項跟財務有沒有關係？當然有。跟資訊有關嗎？也有，因爲需要資訊來維護系統安全性，需要資訊部門寫程式、串聯。我這樣舉例，就能清楚看見本來是一個點，但透過你是新創公司CEO的思維，會發現看似單純的案子，卻連動了至少四、五個，甚至全公司所有部門。這些部門都可以成爲效益量測指標的單位。

再舉個例子。假設你要賣一個劃時代的便利商店POS新系統，可以結合所有市面上的支付系統，哪裡可以讓你找到量測指標？第一個一定是資訊部，因爲全省的便利商店都要用，資訊連結、連線是基本；第二個，人力會因此增加還是減少？如果減少，會是多少？接著，行銷部門會不會有幫助？當然有幫助，客戶量會因爲效率提升增加，滿意度也會提升，財務當然也會漂亮，營業額變大、利潤都回來了。因此這個案例，你至少可以在「資訊」「人力」「行銷」「財務」四項找到效益量測指標。

四個價值：時間、資金、隱性、資源

回到工業機器人的例子，你會幫客戶省下哪些時間？生產效率提升，就會減少生產時間，交貨速度也會提升。資金價值方面，工業機器人省下人力成本，對財務來說就會減少人事成本支出。由工業機器人執行任務，出錯率減少、建立口碑，都有助於品牌價值提升，這就是隱性的價值。最後是人力資源可以提升，因爲人工都由機器人取代，所以聘僱的人才條件就不同，也會有人是因爲公司品牌而被吸引來，這對徵才與人力資源提升都有幫助。

節省資金是明顯的指標，而品牌建立、市占率提升，對品牌有幫助則比較隱性，需要調查、觀察。雖然價值本身很難量化，但你可以藉由其他數據來支持隱性價值。

圖六：四個價值

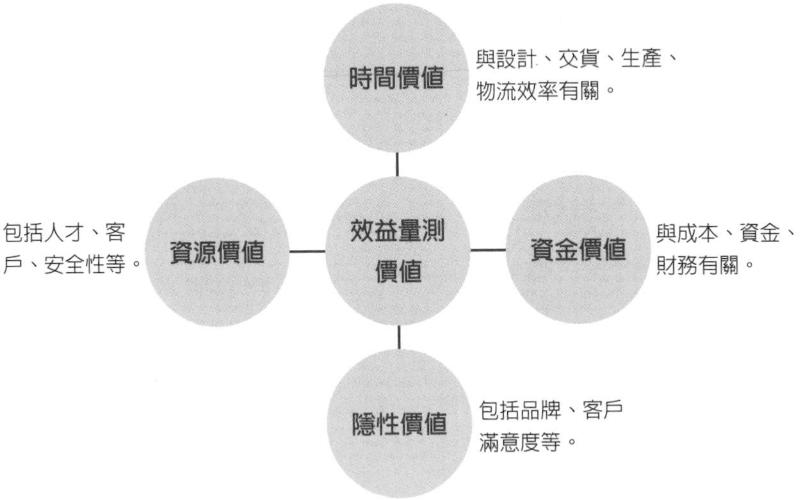

表七：兩個指標

效益量測指標有三種規格：
· 有「多少」，你將能夠增加很多價值或很少價值。
· 有「快慢」，你將能夠很快增加，或需要很長時間才能增加價值。
· 有「確定性」，你對增加價值相當有把握或閃爍其詞。

減少	增加
· 產品上市時間（快慢）	· 營收（快慢）
· 成本（多少）	· 利潤（多少）
· 服務／維修（多少）	· 產品（快慢）
· 保固（快慢）	· 生產力（多少）
· 退換（多少）	· 品質（多少）

兩個指標：減少、增加

從工業機器人的例子來看，第一個減少的就是人力成本，接著，因為品質變好，退換貨也會減少。而效率提升、生產力增加、客戶滿意度提升，這些都是增加。如果因此訂單源源不絕，當然也是增加。

三、展示：效益量測指標的使用時機

以上，我所舉例說明的內容，說不定會有讀者認為：「范大，你講得太簡單啦！誰不會？」我相信大家對於效益量測指標的內涵都不覺得難懂，問題是：你做了沒？不做，就很難看見效益，仍是空口白話。腳踏實地執行，才是眞正困難之處。

很多銷售在簡報時只會講哪些公司、哪些客戶，是用我們家的產品與方案。如果你是老闆，聽到這些會心動嗎？心裡一定想：「關我什麼事？」老闆們喜歡聽到的是：你幫客戶省了多少錢？賺了多少錢？中間導入的困難是什麼？因此，銷售一定要讓客戶感覺你跟他站在一起，你是站在他的立場幫他做事。別忘了你是新創公司的CEO，客戶付你錢就是在投資你。

當你把上述的效益量測指標相關數據都搜集好，就要主動向客戶的決策購買者爭取簡報。一份好的效益量測指標簡報，必須包括幾個元素：公司名與logo、產品圖像、使用前後的差異與對比；擁有一份完整的效益量測指標內容，就可以在公開演講、拜訪新客戶、異議處理、高階決策會議時展示分享。

透過效益量測指標，讓客戶看見他給你五百萬，你幫他省下五千萬，他一定會成爲你的最佳代言人、幫你宣傳。有老客戶幫你背書，當然比自己去開發新客戶還有效；而在你拜訪新客戶時，帶著效益量測指標具體分享團隊導入的辛酸史，在執行專案時如何克服挑戰到最後成功的過程，也是最能打動人的內容。人家爲什麼要信任你？就是要看你做過哪些案子。這些案子就是眞正的實力證明。

善用效益量測指標，每個人都需要建立品牌

效益量測指標是一種心境與態度，不管做什麼工作，用這個態度對待每個人，你的人生就會變得不同，與客戶、朋友關係都會變好。不做，就很難看見效益，仍是空口說白話。腳踏實地執行，才是眞正困難之處。

客戶給你錢，你當然要替他想。幫你在訂單上簽名、幫你拿到訂單的擁護者，也一定要好好幫他把效益量測指標做好，讓老闆看見他的貢獻，日後幫他升官。

效益量測指標的內涵很神聖，是百利而無一害的商場與人生工具。

重點回顧

銷售菁英守則：

跟客戶從談價格轉變為談投資。

跟客戶要錢轉換成為客戶送錢。

幫客戶從現金流出變成投資收益帶來的現金流入。

幫客戶快速回收賺錢，客戶一定會再繼續投資你。

把自己變成新創公司 CEO，找人投資你。

有機會就跟客戶分享效益量測指標的故事。

Chapter 06

痛在哪裡，商機就在那裡

上一章花了很多時間談效益量測指標的重要性，大家有沒有想過，效益量測指標能完成是因爲先有「痛點」。我們把解決客戶的痛點後產生的效益，用數字整理出來得到效益量測指標。我們常說「要讓客戶成功」「要讓客戶滿意」，**成功與滿意的開始就是客戶的痛點，而完美的結局則是效益量測指標的呈現。**

很多業務辛辛苦苦拜訪客戶，對方也開了一扇門讓你進去，但往往轉身離開後，就石沉大海、沒消沒息。就是因爲你沒有找到對方眞正的痛點，客戶完全感受不到爲何需要你、需要你的商品；如果客戶不需要，東西再好也都會淪爲英雄無用武之地。

因此請你牢記，一定要找到、找對客戶的痛點。痛點要怎麼找？從哪兒找？以下分四個時機點引導各位找尋痛點。換言之，這四個時機都有掌握痛點的地方。

時機一：拜訪客戶時，你要問什麼？找什麼？

這個時機的重點是要取得客戶對你的信任，並挖掘重要訊息。拜訪客戶、介紹產品的時候，不論是用簡報、展示，或提案，都可以用 5W1H 來確認到底要問客戶什麼。

- **Why：客戶爲什麼要買，目前遇到的挑戰有多大？**

開始找痛點，可分爲公司、部門、個人三個層次。

- **What：客戶要解決什麼問題？現在用的系統是什麼？**

繼續蒐集痛點，找誰最痛，就會發現誰可以培養成擁護者。

- **When：這個計畫什麼時候開始？多久上線？**

找出專案開始時間，就可以往前推出決策流程需要的時間。

- **Where：在哪個國家或地區執行？**

如果業務有分區域的話，就要提早準備因應。銷售特別要注意了解公司內部對區域的責任畫分以及業績計算的規則。

- **Who：決策的人是誰？有沒有對手？對手是誰？過去類似專案的決策者是誰？**

我們可以找出決策購買者及競爭者。

- **How：計畫如何進行評估？**

可以找出決策標準及產品方案的決策流程。

以上 5W1H 搭配 MEDDIC，會讓你無往不利，開始就順利。此外，取得信任也相當重要。

我們一生當中會買幾輛車？幾間房？你會比銷售熟悉嗎？同樣地，我們絕對會比客戶更熟悉我們的產品與成效。因此，我會跟客戶分享過去怎麼幫助其他的客戶解決問題以及成功案例，讓客戶知道我以前是怎麼做的。這部分是爲了觀察對方的反應，讓他知道我們很專業，同時也向他表達：「我們每天都在做這件事情，所以你要信任我！」

以婚禮顧問或新娘祕書這個大家都熟悉的工作爲例。婚禮顧問就是要引導新人準備婚禮到完成結婚的所有流程，畢竟，大部分的人都只結一次婚，又或者是第一次結婚才會找婚禮顧問。那麼，婚禮顧問累積的工作經驗自然比新人多，一年至少要幫幾十對到幾百對的新人張羅，自然熟悉流程與細節。教練、銷售菁英也是在扮演一樣的角色。

客戶可能好幾年才評估一次系統的更換，但是銷售每天都在做，所以你可以告訴客戶：「相信我，我絕對可以幫你把案子做好。」客戶信任你之後，就可以主導整個案子的進行，讓過程更加順利。

這時，我要強烈叮嚀一項銷售大忌，請一定要放在心上：千萬不要批評現在的系統，因爲這套系統在過去可能是最好的設備，只是由於技術的演變，所以現在顯得老舊，但不是不好。所以各位銷售，請多聽少說，不要批評。**與客戶建立信任關係，不是建立在批評之上，而是你帶來的積極建設。**

時機二：實際試用時，你要給什麼？做什麼？

- Why

如果你銷售的是軟體或設備，客戶一般會要求試用，跟大家分享一個方法。在參數科技時，我們賣３Ｄ設計工具，客戶看完展示都會很興奮且要求試用。一般銷售會很高興地安裝軟體給客戶使用一個月，之後再回來看試用的情況。我們統計過像３Ｄ、ＣＡＤ這種較複雜的設計軟體，讓客戶自己試用的結果，九九%都是失敗的。爲什麼？因爲客戶沒人教，無法眞正了解軟體的效益，結果還反過來說是你的軟體不好用，他絕對不會認爲是自己不會。因此，我們的做法一定是安排時間跟客戶坐下來一起試用，這也是尊重對方，表示「你認眞，我也認眞」。

• What

開始試用後，我們會盡量讓客戶出考題，這樣才能進一步理解：他爲什麼想要試這個功能？試這些功能有什麼目的？要解決什麼問題？如果這個功能沒有解決問題，在營運上會產生什麼麻煩？魔鬼就在細節裡，裡頭不僅藏了痛點，也是訂定決策標準的最佳時機。這時放入公司的三個One（Number one / Fast one / Only one）有兩個好處：第一，規格是你訂的，表示你做得到，這樣後續的效益量測指標才有辦法做；第二，使競爭對手進入的門檻變高，成本也相對墊高。

• When

試用也要規畫時程，不要太長。比方工業機器人，你不可能搬到對方的公司讓他用，但可以邀請對方到你公司來，爲他量身定做一個展示活動，也能順便觀察被派來的人是誰，這很重要。如果確定會合作，參與試用的人會是你要面對的關鍵人物。

• Who

試用時，也是找到擁護者的最佳時機點。開始觀察誰會是最痛的人，那人就是苦主。解決這些問題後，就能知道誰或哪個部門獲利最大。

• How

身爲銷售，你要主導整個流程，就像婚禮顧問，你要讓新人依循你的建議而行，畢竟要做什麼你最清楚。建議你設法拿到客戶的組織圖，雖然客戶可能不會給你。如果問得出來，退而求其次，用手畫也行。爲什麼組織圖這麼重要？這樣才能一目瞭然誰是決策者、有潛力的擁護者，以及誰可能是你的絆腳石或對手，這些線索在組織圖清清楚楚地展現。但是，不是拿到組織圖就沒事，人會變、組織也會變，在這過程當中，仍要不斷去觀察，才能確保你擁有最新資訊。

這邊我會多做一件事。每次到客戶端拜訪，我都會主動去找決策者，讓他明白我們今天來的目的，也讓他知道今天的工作流程，聽聽他的意見。他可能會不經意地跟你說這、說那，別小看這些話，越不經意，越重要！決策者給的回應可能與擁護者或使用者不同，畢竟層級與視野不同，所以必須常常讓決策者知道你在做什麼，他的建議對你接下來是否能拿到訂單，具有關鍵影響。這階段能多拿一些考題，對你會有很大的幫助。

時機三：展示成果時，你要秀什麼？拿什麼？

恭喜你又過了一關。當你跟客戶一起坐下來試用產品後，過程中也明白客戶想要測試的功能及想解決哪些挑戰，因此在報告中，你要秀出使用前、使用後的差異。例如時間相差多少？產生多大效益？增加了什麼好處？減少了什麼缺點？這是秀出效益量測指標給決策購買者的最好時機。你也要跟決策購買者解釋，你的產品如何在這麼短的時間內做到的？有什麼挑戰？

我要提醒銷售一件事，一定要當場鼓起勇氣問決策購買者：「有這麼好的效益量測指標，我們什麼時候可以開始執行這個專案？」「能不能給承諾？」當他看完你的簡報之後，一定要想辦法問。這看起來像是逼訂單，但其實不然。一方面你要對自己有足夠的信心，另一方面也展現企圖心與決心。這也就是 **Why now**：爲什麼客戶要現在買？如果現在不解決會有什麼痛點？你跟團隊透過試用找到痛點，把痛點放大，告訴客戶要趕快做，現在不買，也是在燒錢，會更痛。這個訊息一定要清楚傳遞，讓決策者明白。

因此，在展示成果的場合，我會做兩件事。一是讓決策購買者出席，展示活動成果的時間要配合決策購買者規畫，因爲他沒來，沒人可以做決定，你等於白搭。第二，通常我也會帶我的老闆來，讓老闆對老闆，也會讓客戶覺得我重視這個案子，他們也有話題可以在這種場合互相討論交流。

時機四：實際執行時，要投入什麼？獎勵什麼？

在執行的過程，你要投入什麼資源？我們能否協助執行團隊爭取到獎勵？最後，你當然要了解爲什麼會贏。

1. **人力**

包括顧問、專案經理等。專案經理最好由你自己來擔綱，這樣才能掌控全場並且有效地追蹤投資報酬率，結案的時候才能順利蒐集資料，做好效益量測指標。

2. **案例參訪**

如果你有很多成功的案例，帶著專案人員參訪客戶，彼此分享專案執行的甘苦談及技術交流，這種效果更強大。

3. 如何獎勵一起做專案的人？

我曾經執行一個案子，因爲人員異動，專案可能會拖延兩個月，於是我去跟董事長回報進度可能延後。他問我原因，我據實告知因人員異動導致專案延遲，董事長立刻決定，要我把延遲兩個月的顧問費用估算出來，然後轉成結案績效獎金，讓執行團隊全力完成。團隊一聽，當然振奮！有獎金當誘因，大家卯起來加班趕工，結果不僅沒有拖延，還提早半個月結案。所以，身爲銷售的你，必須時時刻刻看好專案及照顧團隊，同時也要把遇到的問題讓決策購買者知道，因爲大家是在同一條船上一起解決困難。

Chapter 07【E】Economic buyer

關鍵人物與關鍵一票——決策購買者與潛在影響者

在與決策購買者見面之前，我們先來了解決定訂單生死大權的人有哪些。上一章，我提醒各位要拿到公司組織圖，這對銷售來說比較容易了解有誰會影響訂單。

關鍵人物——決策購買者

決策購買者擁有五個權力，稍後再詳述。這邊先談他關心什麼。

決策購買者關心金錢、時間、資源和隱性價值。

決策購買者一定關心投資報酬率，講白一點，就是錢。包括什麼時候回收、回收多少、風險多少、對公司品牌有沒有影響、企業形象會變怎樣……我曾遇過一位生技科技的董事長，那時帶了團隊去展示，結束後，他很肯定我們的方案，於是開始問問題：「范總，你們公司的營運模式是什麼？全世界有多少人？研發有多少人？你們賺錢的核心競爭力是什麼？臺灣的客戶分布是怎樣？續訂率是多少？你們如何支援客戶？」

親愛的各位，看到這，如果你沒有充分準備、十足信心，很可能無力招架。董事長爲何要問這一連串的問題？他是老闆，親上火線與我對應，他要看：我們兩造雙方是否門當戶對？他的公司跟我合作，我們有沒有能力服務他？

第二個案例，我在西門子任職時，要幫客戶導入新的科技。以工業4.0爲例，客戶的老闆、高階主管會看：誰要來做這個案子？團隊經驗夠不夠？可以把這麼重要的案子交給西門子指派的團隊嗎？如果我都給他們派二軍、三軍甚至新人，那客戶一定會拒絕。老闆們會特別在意供應商的業務風險，你到底派誰來？最好把團隊履歷都附上，甚至會用考試來確定沒有風險、投資報酬率沒問題，才會決定採購。

關鍵一票——你不能忽視的其他潛在決策影響者

俗話說小鬼難纏，明明案子看起來很順，該見的關鍵人物也都打通了，擁護者跟你掛保證沒問題，老闆也跟你說，訂單送來馬上簽。但奇怪了，怎麼案子就卡著？到底出了什麼問題？這個場景，身為銷售的你，是不是常常遇到？

透過柯南辦案的精神，抽絲剝繭，真相是：除了決策購買者之外，還有不少不能輕忽的隱形人。一旦忽視就會發生上述狀況，你永遠搞不清楚為何煮熟的鴨子飛了。

接下來就要教大家，中間還有誰藏在流程裡面。那是你從來沒有想過，但會在最後關鍵時刻跑出來，越是緊要關頭，殺傷力可能就越大，這才是最可怕的。除了前面談過的決策購買者之外，還有三種買家及一個隱藏版人物。

技術買家 Technical buyer

- **公司技術層面的守門人。**
- **關鍵是不能讓他說不行。**
- **技術買家關心產品安全性、規格以及系統。**

技術買家包括技術長（CTO）、財務長（CFO）、資訊長（CIO）等都算，從字面上來看，是談技術，但不只技術這一層。技術買家在意的層面包括：技術安全性夠不夠？有沒有符合公司標準？架構有沒有擴充性？

技術買家不一定是高層，有時候是老臣，主要是對公司很熟悉，扮演把關的角色。講個笑話，技術買家有一副對聯，上聯「他說你行，你未必行」，下聯「他說你不行，你一定不行」，橫批是「行也不行」。技術買家不是最終的使用者，也沒有決策權，但因爲由他把關，所以他說你行的時候，你不一定可以贏得訂單，但至少能進來比賽；相反地，他說你不行，你就只能謝謝再聯絡。所以，我們對技術買家的要求就是：絕對不能讓他 Say no，這是最起碼的原則。至少你要爲自己贏得上場比賽的權利。

技術買家會看你要導入的系統跟他的權責有沒有關聯性，如果沒有關聯，他多半能閃則閃，因爲涉及責任問題；如果有關聯性，你就要去跟他合作，要把技術買家變成你的擁護者。當然，你必須先了解他的想法是什麼。

不瞞各位，我們最怕技術買家什麼狀態？就是他反客爲主。

他本來是在監控，最後以爲老闆給他權力，就把自己當作決策購買者。萬一演變成這樣，我會跟他討論，建議他應該提供選項給老闆，而不是做老闆的工作。通常我也會跟技術買家變成朋友，跟他分享一些案例，這很重要。不然到時候如果眞的反客爲主，以爲自己是決策者，什麼都要求你，而你又不能拒絕，就很麻煩了，會浪費很多時間。

使用者買家 User buyer

- **使用者買家關心產品使用難易度。**
- **對自己職涯的好處。**

使用者買家顧名思義就是最後使用的人。他在意的是產品好不好用、要學多久、用了以後會不會升官發財、有沒有機會跳槽等，他只在意這些跟生存、升遷、工作順暢與否的層面。但你也不能不理他，爲什麼？

我們當初在做工業4.0系統的時候，就遇到很多問題。例如，如果學工業4.0系統，上線以後可能會導致使用者買家丟了工作，所以他就會搗亂、扯後腿，甚至說你的系統很難用，又或是系統常常當機、資料不見，這時就要很小心。

你必須事先跟使用者買家溝通，讓他安穩下來，讓他覺得你是來幫他的，而不是取代他，這很重要。

顧問買家 Coach buyer

- **低調、保守的人。**
- **先觀望→微試探→看風向→再出現。**
- **顧問買家關心自己是否能被長官認同。**

顧問買家也可稱教練買家，這個教練不是外面請來的教練，是公司內部的人。舉例來說，現在有使用者，就是使用者買家，也有決策購買者是副總，中間還有協理；協理既非技術買家，也非使用者買家，他是誰？就是杵在中間的顧問買家。

顧問買家會有兩種心態。一方面，如果他認爲你的方案很好，他的角色就會比較低調，因爲他希望案子可以成功，但不能表態，因爲角色不適合，所以選擇先觀望，接著試探風向後再行動，以免招惹閒話。

等決策購買者確認廠商後，他就會出現，表示他在專案評估或執行過程中並沒有缺席，藉此獲得長官的認同，能被視爲貢獻者。表示他也有幫助公司解決問題，多少還有功勞。

顧問買家這個角色很特別。經常扮演雙重角色，可能會提供資料給你的對手，當然也會提供對手的資料給你，在風向還尙未確定前，會扮演無間道的角色。這時要特別注意他的訊息。他所提供的，你不需要全聽，而是要判斷。當然，我們最終希望可以把顧問買家培養成擁護者，只是必須花時間。你要看他的個人特質，必須很清楚他想要得到什麼。

藏鏡人，隱藏版買家

- 客戶同級單位或集團總部董事或長官。
- 客戶特定合作夥伴。
- 外部專家組成的評委小組。

• 決策購買者的私人好友。

有時候案子到最後，眞的是一步之遙了，但突然跑出幾個完全不在預料之中的人，莫名拉長你的成交流程，甚至影響訂單，可能泡湯。這些人是誰？

第一，決策購買者同級部門，或是集團總部董事或長官。

爲什麼？可能你的競爭者知道他要輸了，就透過關係去找老闆或董事長關心一下，順勢把你的時間拖長。會不會到最後反而拿走你的單子？也是有可能。就算不會讓你拿不到單，也讓你多了很多考驗。

第二，客戶特定合作夥伴。

很多集團都有很多投資關係企業，你可能一開始不知道。這些關係企業的老闆們私底下經常聚會，在吃飯的時候不經意聊著公司要做哪些專案，只要關係企業老闆們一句話：「這個我們有做，生意給別人做不如讓自己人來，而且有問題也找得到人。」你的案子可能又殺出一個程咬金。也可能是老闆娘的皇親國戚，這些人平常不會出現，最後才殺出。

第三，外部專家組成的評委小組。

有時候決策購買者爲了公平（實際上應該是不敢負責），就去外面找了很多業界大老組成評委小組。這個過程最花時間，需要比技術、比簡報、比價錢、比售後服務、比問題回覆時間等，團隊最怕這種煎熬。

第四，決策購買者的私人好友。

這是最讓我痛苦的經驗。老闆私人的朋友包括風水師、老師、律師，俗稱「三師」。我曾經遇過一個很淒慘的經驗，花了半年好不容易要簽單，預計十一月交貨結案，結果客戶老闆的風水師說：「明年一月安裝比較好。」輕輕一句話，不僅延後我的交貨日期，而且還跨年度。你又不能挑戰老闆的老師，眞的是欲哭無淚。

綜合上述這些人，不論是組織裡看得見或看不見的，我一直建議你多去跟客戶泡茶聊天，就是爲了蒐集情資，不然最後怎麼被幹掉的都不知道。多多打聽，有備無患。

絕對成交的必要條件

好的決策購買者會議保證讓你上天堂，失敗的決策購買者會議則讓你住套房。不論上述那些檯面上、檯面下的影響人物，都要好好準備，並約見決策購買者，準備一場簡單慎重且保證拿得到訂單的會議。以下就四方面提醒大家。

必須矯正的觀念

再次強調：有了公司組織圖，就清清楚楚。很多人會以爲決策購買者都是高階主管或是老闆，但不是，任何人都有可能。

假設公司要買一部筆電，你覺得決策購買者是誰？可能課長就可以定案，決策購買者就是課長；如果是副總的部門，底下五十個人全部要換掉筆電，那副總就是決策購買者；如果是整間公司要換，那這時的決策購買就是總經理；

如果公司要捐一百部電腦給慈善機構，那決策購買者可能是董事會。

誰是決策購買者，會依照你的案子情況與規模而有所不同。

那麼，該怎麼找到決策購買者？你可以透過五個權力來過濾。

- **有權花錢的人：誰能自由運用資金，誰就是決策購買者。**
- **有權付錢的人：有權力付錢給你的人。**
- **有權找錢的人：如果預算不夠，此人能解決資金問題。**
- **所有人都說 Yes 的時候，他有權力說 No。**
- **所有人都說 No 的時候，他有權力說 Yes。**

最後，我要特別提醒銷售幾個別犯的錯。

對手見過決策購買者，我也要見？錯！不是人家見過誰，你也要見。你一定要改掉這錯誤觀念。先思考人家爲什麼要見你，準備好了，再去約見。

禮貌性拜訪？錯！決策購買者很忙，除非他對你的東西有興趣。約見時，你一定要有資訊分享，別把喝茶聊天這種事套用在忙碌的決策購買者身上。跟決策購買者培養感情？老闆們都很忙，沒時間跟你吃飯聊天。

以上三件事，請銷售一定要注意。

建立正確心態

第一，角色轉換。

是他要見你，還是你要見他？即使你約了決策購買者，對方同意，但你要注意，是他要見你、不是你要見他。他要見你，那你要秀什麼給他看？這很重要。所以我們要思考他關心的議題是什麼。之前談過一個概念，就是要把自己變成新創公司的ＣＥＯ，你要去找人投資你。如果站在這個角度來思考整件事，就會很清楚你要做什麼、準備什麼。

第二，當責。

這段時間，在他們的組織、企業裡，你幫客戶做了什麼？你的主動性如何？會議上，你要把做過的事一一告訴決策購買者，讓他明白你幫他解決什麼問題。試想，當你去見客戶的老闆，他可能不認識你，所以一定會去找專案負責人了解與你們有關的專案進度狀況。所以也要注意千萬別誇大其詞。

第三，承諾。

去見決策購買者，其實要的是客戶的承諾，客戶也要你的承諾，爲什麼要這份承諾？如果跟決策購買者談完，最後決議你的專案等明年再考慮，也沒關係，至少你知道狀況是往下走，還是結束，或是何時開始。你會很清楚時間參考指標在哪。

五種約見方法

這是我常用的約見方法，分述如下：

1.取得信任

第一次去拜訪客戶的時候，可能還沒提案，也還沒展示，只是初次拜訪。我通常會跟窗口問一下這個案子的決策購買者是誰，知道以後，我會想辦法去敲他的門，如果對方在辦公室，換個名片，這樣就好。千萬不要廢話太多。因爲你沒有約，是臨時過去的，拿到名片就好。當然，你可以順勢邀請他參與等一下的會議，不過通常八〇％不會參加。

2.再次拜訪

如果前面談得不錯，要去做第二次展示或正式提案。以我的習慣來說，會親自寫信給決策購買者，讓他知道這次的主題要談什麼，也邀請他一定要參加。這是讓他再次對你有印象。

3. 外部連結

我是中山EMBA畢業，已經到第二十三屆了，每一屆假設有四十位學員，所以我大概有九百多位學長姊。我也是高雄東區扶輪社的社員，北中南的扶輪社友更多，這些資源都可以幫助我們去認識決策高層。年輕的銷售也不用擔心，你還是有一些公司資源或個人資源可用。此外，拜訪、參觀成功的客戶，也是極好的連結。

我建議銷售的口袋名單，至少要有三個可以拜訪的成功客戶，如果你把效益量測指標做好，保證口袋名單滿滿。

4. 內部推薦

這是一個測試擁護者的好時機，為什麼？我們辛苦培養建立擁護者，但你怎麼知道他真的是你的擁護者？這時可以考驗你是否值得他推薦。其次，也可以看他在老闆心目中的地位是否有影響力。

5. 資源分享

我舉幾個自己的例子給大家參考。

之前在參數科技時，《競爭論》作者、知名競爭大師麥可·波特，當時是參數科技的董事。他平均每兩年都會來臺灣一次，我們會藉由這個難得的機會辦一場大型高階會議。有一次規模大到有一百五十位大老闆出席，只要你說得出的公司，他們的高階領導或者董事長都有參與。這就是秀出公司肌肉的絕佳機會，讓這些決策高層知道你們公司在做什麼、有哪些資源可以幫助公司。

第二個例子是我在惠普時，公司常常辦國外會議或是參訪總部的車庫文化，這時老闆就會要求銷售去約決策購買者一起出國。這就考驗銷售平常跟客戶的關係。即使約到大老闆或主管，別高興得太早，接下來才是考驗。你要帶著這些重要客戶去美國，跟他在一起好幾天，挑戰就在這，他會清楚看見你在這段時間的辦事及安排活動的能力。

最後一個例子，我在西門子第三年時，剛好工業4.0盛行。公司對外講了很多概念，像是CPS、數字化雙胞胎……幾乎沒有老闆聽得懂。公司思考如何讓這些老闆了解工業4.0，所以就改造大陸成都的西門子工廠，設計成可以讓客戶實際參觀的工業4.0真實工廠，讓我們可以帶客戶高層參訪。我前前後後帶客戶去了十二次，成交五次，每筆成交訂單都是大案子。安排這樣的參訪，客戶絕對不會只有一個人來，他們一定會來一個團隊。我曾經帶過三十人的團，集團所有的一級主官都到齊，這時候好好表現，保證能馬上增加很多擁護者。

資源分享眞的很好用，善用它，保證你在銷售上事半功倍。

該有的好提問

都成功約見了，接下來要開會，該準備什麼？

會議前的準備：

1. **會議報告一定要跟擁護者一起做**。

因爲他可以幫你確認報告有沒有不適合的資料，或是老闆想要看哪些重點、需要加強什麼。因爲你跟他是一個團隊，在同一條船上。

2. 跟決策購買者溝通時，你要站在他的位置。

站在對方的立場想事情，這道理每個人都知道，卻很難做到，爲什麼？因爲你沒有把自己的位置調高。所以我才會在前面效益量測指標的章節不斷提醒：把自己想成新創CEO，你要去見投資人，這樣的思考方式才會對等。

3. 盡量把老闆找來，增加你的信心。

建議銷售主管們利用這個機會，讓銷售跟著你學習如何跟決策購買者互動，培養他們與高階互動的技巧。再來，也可以在客戶面前互相扮演黑白臉。

4. 至少準備三個版本的簡報資料。

銷售一定要記得，決策購買者或高階主管都很忙。一般在這種會議上，我都會準備三個版本的簡報。如果開會時間是一小時，我除了會準備六十分鐘的版本外，也會多準備三十分鐘、十五分鐘、十分鐘的版本，甚至五分鐘版本。如果在會議上，總經理突然臨時要去開一個重要的緊急會議，他說：「我只剩下十分鐘，還要去開另一個重要的會，請你講重點。」你絕對不要用趕火車的方式把一小時的內容講完，而要冷靜地秀出十分鐘或五分鐘的版本，然後不疾不徐地說：「總經理，沒問題，我有準備十分鐘的版本。」

我跟你保證，所有人，包括決策購買者，看到你電腦裡有分五分鐘、十分鐘、十五分鐘的版本，絕對會對你印象深刻。即使十分鐘版本沒聽完都沒關係，決策購買者已經欠你一份人情，下次再約的時候，他一定會參加。所以狀況越多，越是機會，只要冷靜以對就沒問題。

會議中要勇敢提問。你是來做生意，不是來做善事，所以該問的問題就要敢問，該要的東西也要敢要，你要注意三個重點。

第一，Why buy？

你的案子有多重要？客戶爲什麼要買？你在客戶今年排定要執行的重要專案中，排在第幾位？可以排進前三名嗎？若能排在前三名，表示你的案子很重要，要馬上做，所以一定要了解你在決策購買者心目中的地位。請注意，競爭對手並不一定是同行，很有可能是其他部門，在公司預算有限的情況下會出現排擠效應。因此，如果你的專案投資報酬率不高，他們一定會把你的預算搶走！

第二，Why now？

什麼時候要做這個案子？是今年、明年，還是後年？你一定要問到確切時程。因爲這攸關決策標準與流程。如果總經理說這個案子要在明年一月開始執行，現在是九月，所以你有四個月的時間把所有方案的評比及簽約流程搞定，也可以讓相關單位知道專案的開始時間點。他們知道老闆的要求後，就會配合合約簽署流程，因爲誰也不想承擔延誤之責，這樣保證流程一定順暢。

第三，Why you？

這是信心指數。人家要投資你，要看你的團隊、看你之前的經驗、對你有沒有信心。如果今天是臺灣獨角獸公司的張董事長要來找你投資，你大概連問都不會問，馬上投資，因爲你對張董有信心。易地而處，你跟執行團隊能否贏得投資人（客戶）的信心，很重要！你一定要在這時給高階主管一個信心指數，讓他知道：「交給我，沒問題！」

決策購買者必問的四大考題

你會提問，很好，當然決策購買者也會問你。你一定會被問的問題，基本上算是考古題，所以一定要好好準備。

1. How much？專案所需花費

決策購買者一定會問你要花多少錢，而既然要花錢，也必須知道這樣的花費可以解決多少事情，他才能評估痛點。可以跟決策購買者分享你是怎麼計算出這筆費用的，有數字爲憑，他才會安心。

買了以後，他也會想知道後續的維護費用，因爲他也會思考：專案建構事小，萬一以後維護費被獅子大開口怎麼辦？所以他會在意維護費用或者之後可能的升級會花多少錢。客戶爲避免漲價的風險，也許會跟你談長期合約。

錢搞定後，接下來是人的問題。決策購買者會想知道系統需要花多少人來維護。這很重要，有些專案動輒需要十個人，甚至更多，這時候決策購買者就會考慮是否要外包給廠商維護更方便。總之，你提供的數字要言之有物，因爲所有的決策主管對數字都很敏感。

2. How soon？多久可以回收

這跟時間有關係，又可區分爲「從導入到執行需要多久」與「投入的東西多久可以回收或回收什麼」。

當銷售說這個專案要花兩到三年，表示你的決策購買者要投入這麼多時間，萬一人跑了，怎麼辦？我就曾經遇過一個案子做了兩年，結果專案人員都跑光了，因爲對方有本來的工作要做，現在爲了你的專案，等於要做兩件事。所以你一定要把專案執行時間說清楚。我會建議你分階段執行，不要一次吃乾抹淨。這樣對方也能比較容易看見成效。

至於決策購買者派人員投入專案後，多久可以回收、回收什麼？是錢還是時間、資源？要證明給他看。當然除了分享成功經驗，也一定要分享其他公司的失敗案例，讓決策購買者了解那些別人踩過的坑，在未來導入專案時可做借鏡，也可減少損失。

也建議銷售，千萬不要講「三年回收」，而且只回收一〇%，這樣一定會被趕出去。我曾有個客戶，他們公司規定所有的投資案超過十八個月就不要做，有的甚至連一年都不想等。如果你提的導入時間，決策購買者不能接受，那可以跟對方討論，若要縮短時間，看是由對方投入更多人力，或是你這邊增加人員。若是後者，你要增加成本；如果是前者，成本由決策購買者承擔。也因爲你解釋很清楚，不論選擇哪一種，他一定會爲了縮短時間而投入人力。

3. How sure？彼此的合作默契如何

這跟信心有關，涉及幾個層面：客戶在意什麼？團隊準備好了嗎？對客戶的價值和威脅是什麼？

舉例來說，假設我們要做一個雲端系統，決策購買者會在意什麼？當然是安全性，以及跟原來的系統會不會產生連結問題。安全性是現在的公司非常在意的問題，所謂「團隊準備好了嗎？」當然是指客戶的團隊。因此，事前的人員教育培訓，你準備好了嗎？導入後的成功率多高？

最後，給銷售一個很重要的概念。我看過太多失敗案例，自己也親身經歷過兩次。

每個方案的初始設計，對客戶一定有價值，銷售也很有信心。但各位有沒有想過一件事：對你有價值的事，對哪些人是威脅？你如果沒想過，也沒考慮過，執行專案時，這些人一定會是潛在地雷、未爆彈。很簡單，他如果因爲你的案子而使自己沒工作，你覺得他會配合嗎？所以銷售一定要思考：專案上線會影響哪些人。這些一定要跟決策購買者事先溝通、達成共識、建立默契。如果輕忽這些動作，案子失敗的機率很高。

4. How easy？學習曲線如何

一般來講，決策購買者會在意專案導入時，公司的技術人員有沒有辦法接手？系統的學習時間會不會很長，很難學習？所以決策購買者會關心：技術轉移時間需多久？市場上人才好找嗎？萬一員工學好就離職，加上全臺只有個位數的人會操作專案，你覺得老闆敢買嗎？他絕對不會買。這裡有三個步驟可以告訴決策購買者：第一、我做你看；第二、我們一起做，互相學習；第三、你做我看。這種標準答案，每個老闆百分之百都可以接受。

最後，你要不斷傳達急迫性。傳遞急迫性有三種方式：

第一，你要告訴決策購買者：公司每天都在燒錢。

第二，競爭對手做了，都在賺錢，成效很好。

第三，顧問資源有限，早點決定可以綁住好的顧問。

溫馨提醒

決策購買者會議很重要，要好好準備。把自己當導演或是樂團指揮，這場會議是整合與協調的最佳時機。你要把會議當成唯一的機會，只許成功，不許失敗，真的！你只有一次機會。

Chapter 08

【D】Decision criteria 從競爭對手中脫穎而出的關鍵——決策標準

前面幾章從效益量測指標、找痛點、找到決策購買者，都還只在幫你扎實地完成先遣作戰的階段而已，這章才要正式進入戰場。你不僅要攻下城池，還要面對敵軍環伺、慎防突襲，以免莫名被殲滅，甚至賠了夫人又折兵。

常見的公司決策標準

基本上，「如何突顯出你與競爭對手的差異」，是銷售每天在傷腦筋的事情。一般來說，決策標準不外乎：技術決策標準、財務決策標準、供應商決策標準。如果不事先準備，進入談判時只會陷入以下三種處境：

①落入價格戰。因爲沒什麼特別的規格可比，只好比價格。

②沒辦法掌握案子的進度。因爲你連決策標準是什麼都不知道，就會淪爲陪標，人家說什麼就是什麼，什麼時候決標你也不知道，什麼時候輸贏你當然也不知道。

③最後，前面投入的公司資源與時間等於白白浪費了。

究竟要怎麼了解客戶的決策標準？我舉個例子。買車的時候，各位會怎麼列出你的決策標準？你買車的「清單」標準內容爲何？可能包括：

①規格：你一定會看規格，包括馬力、引擎、安全性、輪胎等。

②廠牌：你可能會看廠牌，比較售後服務、品牌形象如何。

③價格：最後一定會看價錢、售後維修的費用，以及未來二手市場的價格。

總結來說，你會從規格、廠牌、價格這三個角度來選想買的車子。那麼我們在做B2B銷售的買賣，也會有同樣的三個標準：

技術決策標準：包括技術架構、介面整合、安全性、學習曲線及擴展性。

財務決策標準：包括導入系統的風險與所需的時間、付款條件、人員投入的成本、投資報酬率等。舉例來說，如果客戶的付款條件是月結一百八十天，公司規定三十天怎麼辦？你要繼續談，還是趁早放棄此案？

供應商決策標準：品牌價值、形象、技術支援人力、產業經驗。講白點，就是雙方有沒有門當戶對。

我都會要求銷售一定要把公司產品跟服務的優劣弄清楚，自己公司的強項到底是什麼？去拜訪客戶時，才有機會用強項讓客戶心動，甚至有機會去影響他的決策標準，讓他把你們公司的高規格放在決策標準裡，用同樣標準要求對手，這樣你的勝算才會變大。最後，如果是大單，事前也值得跟客戶做一個小型的POC（proof of concept）專案，目的是利用小型專案來取得效益量測指標，以利未來再送報告的時候，投資報酬率能有所根據。也有客戶的實際資料可以做驗證，一看就能一目瞭然。

先勝後戰

《孫子兵法．軍形篇》說：「故善戰者，立於不敗之地，而不失敵之敗也。是故，勝兵先勝而後求戰，敗兵先戰而後求勝。」

我們在打仗之前一定要評估會不會贏，如果贏不了，就不要浪費時間，找下一個目標比較實在。因此，我們在打仗前要怎麼做評估就很重要。

前面也提過的三個提問——

Why buy：客戶爲什麼要買？涉及痛點、買點、切點。

Why you：爲什麼要跟你買？跟你的公司、產品、團隊有關。

Why now：爲什麼是現在買？跟客戶的急迫性、加速、趨勢有關。

在這階段，我會問銷售以下五個問題，來判斷這場仗要不要繼續往下打。

1. **痛點描述**：銷售能否描述客戶現在的主要痛點是什麼？我們的產品跟服務可以解決客戶的問題嗎？

2. **方案滿足**：我們的方案有多大把握可以滿足客戶？如果你能做到五成，剩下五成怎麼辦？多久能把這個案子做完？產生多大的效益？客戶有多急？

3. **三個** One：我們的產品跟服務是否具備 Number one、Fast one、Only one 三個條件？這些條件你要很清楚，才能放入規格讓客戶明白並且買單。

4. **內部擁護者**：你的內部擁護者是誰？有多少權力和影響力？他的地位有沒有比對手的擁護者大？不是只有你有擁護者，對手也有。如果你的擁護者是經理，對手是副總，那你就居於劣勢，得重新再找地位更高的擁護者，不然案子會有危險。

5.主導權：我會問銷售，交易主導權是你說了算，還是對手在控制？如果是你，爲什麼是你？你怎麼主導？有誰幫你？

以上五個問題問完，依據銷售給我的答案，幾乎就可以決定這個案子是要繼續戰、放棄，還是繞路走。

對抗競爭對手的差異化策略

評估完五個提問，認爲這場仗可以打的話，接下來就要預測戰場上的對手。競爭對手基本上可以分爲四類。

一、人無我有

人家沒有、只有我有，這樣的機會在目前的市場上越來越少見了。有獨家的技術當決策標準，那就趕緊去收訂單。你要不斷告訴客戶自家產品的獨特性，讓他明白你的產品可以爲他帶來競爭力、降本增效，就會影響他的決策標準。

我在科睿唯安擔任總經理時，公司有個產品是全球專利資料庫。這個資料庫有個獨特的功能，所有競爭廠商都追不上，也可以說是獨家技術，現在已進步到加入AI演算，可以讓使用者在查詢專利時，速度比其他人快五倍以上。因此我要求銷售去客戶端拜訪或簡報時，逢人就提及這項產品或是證明給對方看，講久了，客戶也看了，就會把這個獨家技術放進決策標準，競爭對手多半會因無法滿足這項標準而放棄比賽。

二、人有我強

別人有，我也有的話，你必須思考如何提供加值服務來爲自己加分。比對手強才能勝出，以利盡早拿單。

策略有兩種：

- **產品內容無太大差異性，同燈同分，銷售如何加值產品？**

先檢查決策標準，技術、財務、供應商等條件有沒有辦法加值，再看能否把多個產品包裝成一個解決方案。公司一般不會只賣一項產品，像我在惠普時賣的產品多又廣，從桌上型電腦、筆電、伺服器、網路設備、列印等，就很容易把產品打包，變成一個解決方案。從點連線成面，讓客戶知道：「跟著我走，很安全！」這也是所謂的「一站式購足」概念。

- **產品能否幫助客戶整合上下游？**

當時在參數科技賣的3D CAD產品設計軟體，剛好搭上這個優勢。因為戴爾、惠普在美國研發部都是使用參數科技的3D軟體，臺灣OEM的下游廠商為了接訂單，就必須有這套軟體才能做資料的無縫轉換。所以，這個優勢一定要讓老闆或決策購買者知道，保證可以增加拿單的機率。

三、人強我繞

就算人家比你強，也不用怕，繞過就好。我們要用願景拿單。談願景，一定要見到公司高層或老闆，站在這高度，才容易談公司願景、品牌價值，與未來彼此合作的價值。

要讓老闆知道跟著你走，對他公司的好處是什麼？除了能提升內部技術，未來還有極佳的發展潛力。

我在西門子時，經常跟客戶的老闆們談西門子對工業4.0的願景，客戶才會明白未來投資與研發的方向，進而願意跟我們成爲長期合作夥伴。西門子的特質是產品線多，但並非每樣都最強，因此身爲西門子的銷售要很清楚：把產品拆開，雖然不一定最強，但整合起來談工業4.0發展方案，西門子是最強的。

四、人亂我專

當競爭對手知道要輸了，很可能會亂放風聲、亂放低價的訊息擾亂市場，讓你即使拿到單子，也不好執行。這時一定要專注。我的策略很簡單，我會告訴銷售絕對不能亂，並做到兩件事——用信任拿單，創造三贏。

1. **專注 MEDDIC**。看看這六個英文字當中，仔細審視哪一項沒有做到、還有哪些要加強。

2. **絕對不攻擊競爭對手**。所謂狹路相逢、冤家路窄，你怎會知道面對的決策購買者是不是從競爭對手公司來的？未來你會不會跳槽到競爭對手的公司？我相信客戶也不喜歡看到銷售只會攻擊對手而不幹活。這絕對要刻在心上。

我在科睿唯安上海的銷售團隊，曾經接了一個大單子。我們一開始就用 MEDDIC 來做整個銷售流程，也取得了效益量測指標，花了大概一個月，陪客戶做展示活動並完成，也培養了兩位擁護者，但一直沒有見到決策購買者。因為擁護者說這案子不需要見到老闆，部門主管同意就好，因此我們信心滿滿認為很順利。結果簽單前突然殺出程咬金，競爭對手利用關係把老闆擡出來，還出了一個很爛的價錢，可以說是賠本價，而對手全部答應買單。要知道，他是要擾亂我，不是眞的可以搶單，所以他根本不怕。

我立刻要求銷售，安排我跟客戶方的總經理見面。當時已經是全球新冠疫情爆發後，所以我們以通話方式會談。同時，我也請銷售去打聽這位總經理的背景。沒想到她曾經待過西門子的醫療儀器部門，雖然我是在軟體部門，但都曾是西門子的一員。通電話時，我講了一個故事，總經理就買單了。

我說：「陳總，我們在西門子的時候，也經常遇到競爭對手慣用的伎倆就是亂砍價，擾亂市場、擾亂客戶，但西門子教我們兩個原則：第一，我們會以客戶是否成功來衡量我們是否成功，因此，保證客戶成功是我們的第一守則。我現在帶領的團隊仍秉持這精神，如果妳現在還在西門子，遇到這個情況，妳會理解我的決策。第二，追求卓越與創新是西門子業務成功的基石，研發則是西門子發展戰略的基本條件。提供優異且超越客戶需求的解決方案，才是我們眞正要做的。」

講完這段話，陳總也很激昂地說：「我跟你一樣，還是很懷念西門子訓練我們的這兩個價值。」結果，當然是以我們原先的報價，漂漂亮亮拿到訂單、開始合作，對手擾亂市場的策略宣告失敗。

最後，還有大魔頭……

以上四個場景講完了，還有沒有麻煩？當然有！千萬千萬要特別注意，最可怕的是下以這三種情況：

第一，評估完，客戶不做了。

這有幾種可能。首先是客戶營收很慘，例如受疫情干擾，營收不如預期，所以預算凍結，這種情況誰都沒辦法。其次，極大可能是銷售沒有見到決策購買者、沒踩到痛點，使客戶覺得這個案子不痛不癢，不做也不會怎麼樣。這就是為什麼我在前面一直提醒銷售要提早見到老闆的原因，且一定要抓到痛點，讓客戶覺得非買你的方案不可。

第二，評估完，客戶自己做。

這也很扯，評估了老半天，所有售前流程都做了，客戶既不跟你買，也沒跟你的對手買，竟然選擇自己開發。這種情形在銷售軟體類的公司很常見，尤其資訊部門規模超過五十人以上。因此當他們開始評估專案時，你就要事先了解：他們爲什麼要買？爲什麼不自己做？先把這些搞清楚，免得瞎忙一場。

第三，預算被別的部門拿走。

由於科技進步太快、新的專案越來越多，AI、大數據、企業上雲端、數位化轉型、ESG等，在公司預算有限的情況下，如果你的專案投資報酬率不夠高，預算很可能會遭到排擠，被別的部門拿走。因此，你一定要見到決策購買者，把投資報酬率算出來，也把效益量測指標做出來，這樣才能讓老闆明白你的專案很重要，說服他保留預算。

銷售一定要記得隨時隨地用MEDDIC檢查每個階段。評估後，不值得投資的案子就提早放掉，不要等到最後才被客戶放棄，就眞的不划算了。

與客戶的心戰——如何保證大客戶一定買單

前面那些層層疊疊的攻防，都是在外圍備戰，當你眞的與客戶面對面時，如何讓你的產品價值被看見，讓大客戶按下同意鍵買單，就眞的要憑實力。而MEDDIC的訓練，當然可以助你一臂之力。

在決策標準這個議題裡面，銷售一定要記得，你要縮短每家公司選商的時間，以免時間拖長，造成彼此的成本與風險提高。**究竟如何縮短時間？可以用「提升價值的選擇」來思考。**這是一般銷售很少用的方式，身爲銷售菁英，你有兩個途徑來思考：

第一，你想讓客戶比較什麼？是價格還是價值？

第二，你想給出什麼定價？定價模式是什麼？

表八：想讓客戶比較什麼？

	一般銷售做法	銷售菁英做法
比較方式	與競爭對手比較	與客戶的投資報酬率比較
	以擊敗對手為目標，導致進入價格戰。	以客戶最大利益為目標，以此進入價值戰。 也因此有機會「教育客戶、影響客戶，進而占領客戶」。

讓客戶比較什麼——是價格戰還是價值戰？

一般銷售以打敗競爭對手爲目標，就會跟對手比價，而進入價格戰。對手會拿你的產品來比，比功能、比價錢、什麼都比，就算最後你贏，也只贏一點點而已；如果你輸，也是輸一點點，這就是打價格戰的矛盾。看似有輸贏，但嚴格來說，沒有眞正的贏家與輸家，但彼此都把力氣耗在上面。

業務對於價格戰很頭痛，那麼銷售菁英會怎麼做？他們會跟客戶談投資報酬率比，以客戶的回收效益爲目標。這時，他們會把客戶導入價值戰，慢慢幫客戶建立一些關鍵概念，包括：使用你的產品可以解決什麼問題、產生多少效益、投資報酬率如何？這時候，你就不是跟競爭對手比，而是跟客戶針對如何提高投資報酬率進行溝通。

有三個做法：

1.教育客戶。因爲從來沒有銷售這樣做，或很少人這麼做，所以客戶會覺得你替他著想：「對，這才是我要的。」

2.教育他以後，你會影響他。他會把你帶給他的決策標準規範，放在決策標準裡。所以誰要做他的案子，就必須遵守這些原則標準。

3.你影響他，就能成功占領他。你的產品不知不覺中會變成獨家規格，等於建立了護城河，對手進入的門檻與成本會變高。

那我是怎麼利用投資報酬率與效益量測指標效應，讓客戶看見價值提升，並且加速買單？

我曾經有個做手機的客戶工廠，年產量一億支手機，當時生產線上共有五百個機臺在做這一億支手機，平均一個機臺可以做二十萬支。工廠被客戶要求隔年要增產兩千萬支，就是年產一億兩千萬支，目前機臺不夠，所以計畫多買一百臺機臺。機臺是德國製，當時一臺機器要價臺幣七百萬元以上，所以一百臺機臺，客戶大概要花七億元。

當我知道這個消息以後，趕緊去找副總跟廠長，告訴他們，我們公司的CAM加工軟體可以讓機臺的運轉增加效率至少五％，最高可以提升一〇％，他們聽完覺得不妨試試。我規畫一週的時程，安排德國顧問及工程師進行實地演練，最後真的提升了機臺效率一〇％。一〇％意味什麼？等於該廠以目前設備多產製了一千萬支手機，所以一千萬支手機只需要新購五十臺機臺。換言之，客戶本來要買一百臺，現在只要買五十臺就夠了。我提升一〇％效率幫他省了三億五千萬！

最後，我拿到這張訂單是兩千萬，客戶用兩千萬省下了三億五千萬，這樣他的投資報酬率是幾倍？大大增加了十七倍！你說值不值得？這就是讓你的價值被看見的一種做法。

提升客戶的價值感後，再來就是思考給出什麼樣的定價。以下三個定價方式跟各位分享。

1. 產品功能的定價

客戶會拿你跟競爭對手比較，比價時採購就會出現。採購的KPI是成本越低越好，而且他一定會盡忠職守。他的工作就是把你砍到見骨，這該怎麼辦？比價錢遇到採購，銷售就沒輒了。

因應策略：這種案例容易發生在賣硬體跟周邊。因為硬體看得到，所以一定是跟其他廠商比。通常我會從「產品功能銷售」（就是賣特徵、利益、好處）轉化為「解決方案銷售」。

比如說，對方只是要買五十部筆電，我就會去了解這五十部筆電有什麼用途，可不可以跟印表機一起買？可不可以跟儲存備份一起買？可不可以跟網路一起做？你一定要把單一硬體打包起來。這樣對客戶也有一個好處，讓窗口簡化成一個。

有買過房子的人就知道，裝潢的時候，你是找一位設計師全包，還是會分別從裝冷氣、裝潢、土木、水電，各找一個技師來做？除非你退休了時間很多，不然用第二種方式只會搞死自己。當然，直接讓設計師負責，多給他賺一點錢，你也輕鬆。一樣的概念用在B2B上，你不要只打一場仗，既然要打勝仗，就必須延伸戰場。這個決策標準可不可以影響客戶，讓他從本來只買一個，最後變成買五個產品、變成一組？這樣你的案子規模不僅變大，合作廠商也不一樣。決策標準變得複雜，對手就很難進來，就算進來也會很麻煩。

銷售可能會認爲做這麼多又沒有業績。親愛的銷售，你要的是案子贏，少賺一點沒關係，獎金分一點給人家、多交些朋友，我保證後面的日子很長，合作的機會很多，難保哪一天，對方還會找你合作。

2. 效益量測指標的定價

建議你養成習慣，每做一個案子，評估時就專注在投資報酬率上，這樣才會不斷思考 How much、How soon、How sure、How easy，透過這幾個 How 來思考產品服務帶來的好處。價值提高，價格就能提高。

以前面手機的案子爲例，原本訂單金額是兩千萬元。基本上，你再提高一千萬元，客戶也會買單，因爲你幫他節省了三億五千萬元。所以，善用投資報酬率效益量測指標，保證價錢可以往上。效益量測指標的力量不容忽視。

3. 「智力資本」定價

這是最強大的決策標準指標，我常常利用它來翻轉局面。智力資本在一般企業的定義包括四種人：大企業退休的高階主管、公司內部專家或高階主管、業界專家、身經百戰的顧問。

爲什麼要用智力資本定價？

他們可以帶給客戶營運上的諮詢與指導，以及企業升級的意見，這些附加

圖七：智力資本有四種人

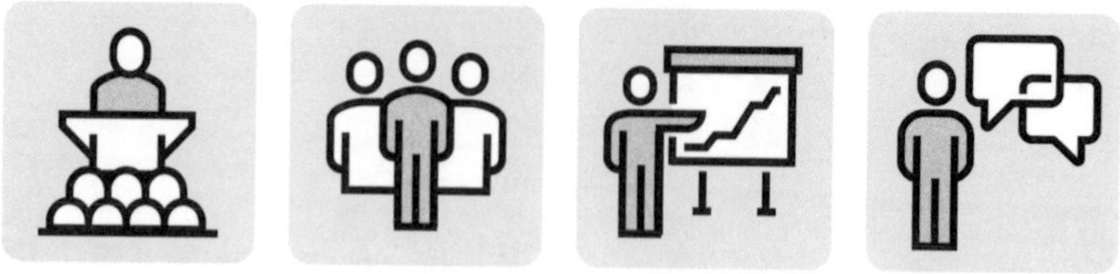

A	B	C	D
大企業退休的 高階主管	公司內部的 專家或高階主管	業界專家	身經百戰的 顧問

價值將遠遠超過我們執行專案的實際價值。

他們能夠協助提高客戶的獲利能力，幫助客戶提升競爭優勢，讓客戶感受到專案成功率高、低風險、低成本，這都有助於提升客戶對你的信任。

這些智力資本的寶貴產業經驗，所提供的決策標準是對手無法進入門檻的關鍵。

以下舉三個例子：

【案例一】惠普顧問團隊的智力資本

在惠普的時候，半導體正在高速發展，我們去幫客戶導入製造生產系統。當時的顧問九○%都是從工廠出來，客戶對顧問很放心。這些顧問都是身經百戰、建廠無數，所以智力資本夠高、夠強大，能夠讓專案導入風險降低，回收更快。所以我們的簽單速度在顧問協助下，效率又快又好。

【案例二】西門子工業顧問團隊的智力資本

在西門子的時候，剛好遇到工業4.0趨勢。當時臺灣還沒有眞正成功的案例，在電子五哥中，有一位客戶很有意願導入工業4.0。爲了讓專案成功，我請老闆協助幫忙申請德國西門子工廠的廠長來擔任專案經理。客戶聽了也很高興，因爲他不用另外花高價請人當顧問，專案就包含這些有經驗的高手。這位廠長還帶來底下兩位最強的助手，幫客戶導入的過程中，也經常分享他在西門子二十多年來的經驗。客戶老闆沒事就請德國顧問吃飯，繼續挖寶，還一直說自己賺到了。

【案例三】高手在民間的智力資本

這個最好玩。我在西門子時，必須培養各種專長的合作夥伴。其中一位，他二十年的職場生涯協助集團在全球建立超過一百間工廠，換算下來，等於一年建五間工廠。如果客戶要建廠，我把這個人找來協助，這個智力資本就夠高了吧！你一定會趕緊來搶人簽單。

重點統整

1. 如果你跟對手比，就會淪為「談價格」的困境。因為對客戶來說，成本是負值，當然越低越好。
2. 如果你是談投資，就能談收益。對客戶來說，收益是正值，為了得到這個回報，客戶會投資你，價格就不是大問題。
3. 你跟客戶會有三個「共同」方向：
   共同目標：你們的KPI是一樣的，一定要把它做完。
   共同策略：投資一定要有保障，所以你的思考模式就是讓所有人協助你做完。
   共同回報：在專案中，你與客戶會培養出革命情感，同舟共濟，得到最大的收益，達到雙贏。
4. 提出讓客戶信服的主張，就是零成本與零風險。

Chapter 09

【D】Decision process

時間拖越久，風險變數越大——加速才是王道

本章要談的重點是MEDDIC裡面的第二個D，決策流程（Decision process）。決策流程涉及三個層面：

- **選商評估流程。**
- **商務採購流程。**
- **法務審核流程。**

我先破題告訴各位，時間拖越久，對你越不利，因爲變數會越多。因此，如何把流程從慢變快、從長變短，是效率問題，也是你的致勝關鍵。

業界都知道，以B2B來講，大客戶的合約通常有「三多」。

第一多，要簽這份合約的人很多。

我曾簽過要過經過二十個人蓋章的合約，也簽過只要一個人簽核，就是老闆。總之越多人簽，阻礙越多。

第二多，跨部門的人很多。

不管是財務、採購、法務，什麼都有，所以決策過程鐵定很長。

第三多，不敢簽的人也很多。

要簽的人很多，不敢簽的人也不少，因爲這個人可能從頭到尾都沒有參與專案評估，現在送到桌上請他簽字的時候，他會怕責任，所以會花時間想更多。這些「多」，都是每天令業務頭痛的課題。

我們一步一步來，透過三個步驟讓你在面對決策過程時不那麼頭痛。

步驟一：列出B2B典型的三個流程並找到解法

- **技術驗證流程：就是選商的過程。**
- **訂單採購流程：跑合約的過程。**
- **法務審核流程：很冗長的過程。**

現在法務議題比較多，因爲涉及雲端、安全性、AI大數據領域等，因此特別拿出來討論。

- **技術驗證的流程：選商流程**

通常客戶會找三家或三家以上的廠商來評比，而我每次去客戶端一定會問窗口：「貴公司的決策時間多長？」這時間不見得準確，但至少有個底。

以下範例是一個軟體開發系統的工具，請注意看，它從流程第一項到第八項，要花掉半年時間，可不可以把它縮成三個月？這就是我們需要努力的方向。

圖八：客戶評估選商的流程範例（六個月）

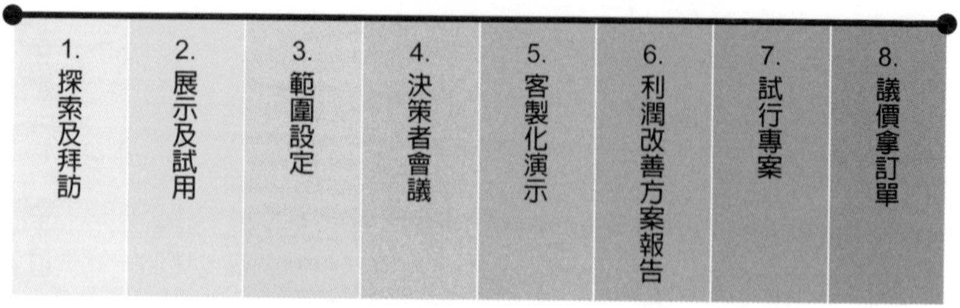

這一百八十天的版本有八個步驟（請見圖八），中間當然有可省略之處，但你得掌握技巧才能有效縮短時間。這在後頭的段落會詳述。

• 訂單採購流程：合約過程

恭喜你！你被選商選中了，開始要跑合約。再仔細看一下圖九範例，還有一個叫做預算申請的流程。換言之，選中之後，光是申請預算，就要花一個月，之後才能走合約流程，又要一個月，兩個月就這樣過去了。

• 法務審核流程：冗長過程

最後階段來到法務，又是一場硬仗。以前比較不太重視法務流程，但因爲現在雲端、大數據、

圖九：訂單採購的流程範例

· 預算申請：一個月

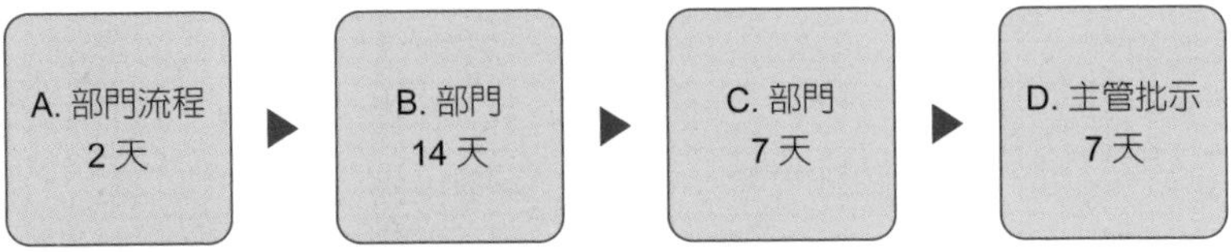

· 採購流程批示：一個月

AI等科技類方案多了，涉及資料安全性與智慧財產權。所以法務都需要參與，審查合約的時間又會拉長，短的話一週，長的話六個月都有。

步驟二：找出決策流程中的人、事、時、地、務

合約到底有多少人要簽？花多久時間？會卡在哪裡？這些我們都要弄清楚。

人的部分，我們要先去看：誰需要批准這張訂單？流程有多少人

點頭批核？我的做法很簡單，一開始就問窗口或擁護者，看看過去有沒有類似這種金額規模的案子，先了解整個合約的流程所涉及的人事層面有多廣。我們要先把這個人找出來，提早尋找幫手，提前優化流程。

事的部分，要看誰會怕這件事。舉例來說，怕的人可能不是技術背景，但是這個案子是技術類，就要考慮比較久。這時，請銷售一定要跳出來，千萬別等待，主動去跟這個關卡的人說明案子的內容，甚至找擁護者來幫忙。你一定要親自參與流程，才能從慢變快。

時的部分，每一關（人）花了多少時間？銷售一定要注意，要去看某些時間點誰最忙，是擁護者、教練、決策購買者、技術購買者或使用購買者？還是財務？知道後，趁早處理，讓時間變短。

地的部分，比較複雜。臺商可能臺灣買了，在大陸使用，或者臺灣下單，在越南、美國用，那簽核的流程，可能會遍布全世界。所以一定要請人幫忙，因爲你不可能跑大陸又跑美國，這時你的擁護者，就要在內部幫你推動這件事。

務，指的是他們的職務。這些人的職務是什麼？誰可以負責？理論上都是高階主管，從財務長、技術長、資訊長等。爲什麼要找他們？你一定要讓他們知道這個專案對他們的幫助是什麼、對公司的價値是什麼，歡迎他們一起加入專案。這時他可能會問你有沒有哪個流程不順，正好就可以向他借路，協助你加快速度。

步驟三：流程卡關的解決方式

- **技術驗證的流程：選商流程**

掌握三個技巧，有助於大幅縮短選商流程。

第一個技巧，**掌控全場**。

你是銷售菁英，每天在做這件事，而客戶可能十年才換一次系統或工具，客戶不會比你更清楚到底怎麼轉換。因此，當你一眼就知道哪個流程可以縮短，就要提出最適合的範例。把最好的經驗傳授給客戶，也讓他信任你。

第二個技巧，**把試用改爲展示活動**。

這兩者差別在哪？很多客戶都會提出想試用，我的做法是盡量避免讓客戶自己試。有些軟體試用時間短則一個月，長則兩個月，有時候客戶工作一忙，試用時間又要再拖。如果安排教育訓練，教完又要練習，等他再摸索，又一個月去了，太浪費時間。最有效的方式就是跟客戶一起做，事前跟客戶討論想試用的功能或是特別想了解的地方，這就是要解決的痛點。安排一天的時間做展示活動，在現場示範，才能有效縮短時間。

第三個技巧，**放入獨特規格，讓對手難以進入，縮短客戶的評選時間**。

你最好利用展示活動的機會，加入公司方案中獨特的規格，讓客戶更理解你的產品優越性及獨特性，進而影響他的決策標準。讓客戶也拿這些標準要求競爭對手，這可以讓有些對手知難而退。原本有五家廠商，最後可能變成兩家，進而縮短評估流程。

第四個技巧，**建立革命情感，省時省力**。

透過展示活動，執行專案時間可以縮短四〇％，還能跟客戶建立革命情感。因爲這是大家一起腦力激盪試出的結果，彼此也建立了合作共識。

• 訂單採購流程：合約過程

一定要先拿到決策購買者想要的專案啓動日，「以終爲始」，往前回推。假設我們十一月一日通過，決策購買者說十二月一日啓動專案，所以你有三十天簽合約。如果照他們公司的做法要跑五十天，銷售就拿開工啓動日去找各部門的主管協調幫忙。這很有效，因爲沒人希望案子卡在自己這裡延誤進度。所以抓到開工啓動的時間後，回推每個流程，去找相關主管幫忙。

其次，你要親力親爲跟著走。藉此可以認識簽核人員，並向他說明專案的重要性。千萬不要坐在辦公室等流程，那你眞的會等很久。

最後我一定會做一件事。當你拿到合約時，請記得一定要回去跟簽字的人說謝謝。因爲下次的訂單還是需要這些人簽核，這個小小的動作會讓這些主管對你產生好印象，下次有任何事情一定會幫你。

銷售如果親自跳下來參與流程，解決中間隨時會發生的問題，讓流程更順，至少可以省下四〇%的時間。

- **法務審核流程：創造三次接觸的機會**

這是讓銷售頭痛的關卡，因爲銷售不是法務人員，所以基本上跟法務也不太有共同話題，通常你也不會去找他，接觸比較少。但因爲跑合約，你還是要接觸。

我有三個方法，請一定要記起來。

第一次接觸：案子開始之前。

一般都會先簽保密協議書（軟體供應商或系統廠商比較需要）。客戶不會拒絕，一定會跟你簽，甚至是客戶主動要求簽約，大家都很清楚在討論的時候會談到一些公司機密。你利用這機會去認識法務，看看他是什麼背景、怎樣的人。

第二次接觸：我會在案子跑到一半的時候先送合約範本，也同時讓法務知道其他公司通常都在什麼環節修改。這樣往返修改合約時，會節省不少時間。

第三次接觸：如果眞的談不攏，銷售不要當中間的橋梁傳話，而是讓你的法務與客戶的法務直接溝通。他們有共通的語言，溝通就能省下很多時間。

說好的訂單，滑掉了

訂單本來要簽的，客戶怎麼沒有買？有時訂單難免會滑到下一季，當然有解決方法。我做銷售那麼多年發現，如果沒有用 MEDDIC，一般銷售大概有三〇到五〇%的訂單會滑到下一季。這個機率算很高，爲什麼？因爲大家無法掌握進度。

銷售一定要記得，訂單滑掉這種事不要常犯，如果常發生，會有幾個危險性。

首先，你賺不到錢。因爲訂單滑到下一季，萬一下一季客戶和組織更動，原本跟你簽約的人調到其他部門怎麼辦？更倒楣的是，如果是對手擁護者接任，你怎麼辦？這張單子可能就沒了。此外，你的公司會不會改組？也會，本來是你的責任範圍，下一季換到其他區域，那不是白白幫別人做了很多事嗎？

其次，你的信用會有問題。老闆會怎麼看你？掉一次訂單就算了，掉兩次試試看，很可能連工作也會掉了。你可能會被通知要進行「員工績效輔導」，如果收到這通知，表示老闆對你非常不滿，你得隨時準備走人。所以一定要注意，不要老是讓案子掉到下一季。

訂單為什麼會掉？

訂單滑到下一季，主要有四個原因。

一、簽署流程太長

要簽合約的人這麼多，尤其到了法務，每年要採購的東西那麼多，你的案子如果沒有突顯出重要性與緊急性，老闆又沒特別指示，可能就得照流程排隊。假期多也是問題，銷售如果沒把假期考慮進去就很危險。中秋節在九月，聖誕節在十二月底，二月是春節、四月還有清明連假，大家都放假去了，你的流程沒人簽。最後是法務，現在有很多 SaaS 及訂閱式的商業模式，每年訂單都要重新簽約，因為條文會更動，價格也可能會漲，這些都會影響你的流程。

二、決策購買者急迫性不夠

決策購買者都說要買了，結果變成明年的預算；再不然就說這是新的系統，要找人，等人到位才能開始進行，你的訂單就會卡在這裡。

三、擁護者不夠強

擁護者不敢催法務、不敢催採購，他的權力及影響力不夠，也會被延誤。

四、對手惡性競爭

這是最邪惡的。你的競爭對手知道會輸，就亂搞、隨便放風聲、丟亂七八糟的價錢給採購，甚至放出無中生有的消息，像是你的公司要被併購、顧問團隊要解散或被挖角，讓客戶採購來質疑你。你得花很多時間、心力去解釋這些消息是假的。

狀況既然發生了，先調整心態

認真面對公司的承諾

你跟老闆說這一季要做九百萬的業績，就要做到九百萬，這是一個承諾。我們在前面講過準確預測，對個人信用是很重要的。不管是在你跟同事之間、老闆之間、公司的福利都好，準確預測對你很有幫助，要扎實做好這基本功。所以不要老是跟老闆耍嘴皮說：「數字是看一年的。」「訂單掉到下季、下個月沒關係。」這種話建議你少說。

單子沒了，工作就沒了

再來你還要有「單子沒了，工作就沒了」這種心態，因爲老闆也是這樣想。你掉了兩次單，跟你保證他可能準備把你開除。我在參數的時候，每次到季度末都緊張到要去診所打放鬆針，因爲我已經壓力大到有精神官能症。醫生也告訴我：「范兄，不要那麼拚，錢可以慢慢賺。」可見，沒有單子就沒有工作，這是多大的壓力！

放下身段、放下面子

之前參數的老闆常常把我們罵完一頓後，會補一句話來安慰我們，他說：「罵又不會痛！」翻譯一下就是：「我罵你，是幫你把案子拿回來，讓你賺錢。」他也會說：「我比你們的父母親都還愛護你們這些兔崽子。」意思就是：

「趕快去把單子拿回來。」這些話，你要聽懂。四處都有單子，不要待在辦公室。我做業務那麼久，還沒看過客戶主動把訂單傳真過來，絕對沒有。所以麻煩你，訂單已經滑掉了，這個時間點，你就好好坐在客戶端，不要待在辦公室。

搶救訂單大作戰——遇到危機如何補救？逆轉勝，避免被拉黑

除了心態要調整，實際上當然也要有所行動。這裡有三個補救方式。

搶救一：補單——找新客戶

每個業務的口袋都有名單、銷售機會及暗藏的數字，這個數字理應是你目標達成的三倍。比如說你一季要做九百萬，口袋裡面同時在運作到結案的，大概會有兩千七百萬。那你要從這裡去看，哪些案子在這一季有可能成交的機率

會超過五〇％？下一季下單的機率有機會大於五〇％？你要列出來，開始思考，哪張單子進度往前移，補上的機會比較大？如果找到對象，就要帶著計畫去找客戶談。

怎麼談？要先了解，當你拜託客戶訂單往前挪，對方可能會發生什麼問題？怎麼補償人家？這都要很清楚。例如，你希望客戶提早兩個月下訂單，那提早兩個月的產品保固維護費用怎麼辦？你怎麼補償客戶？也會牽涉到客戶付款。因爲提前下單，相對的就是要提前付款，你可以提出什麼優惠？提供教育訓練，或者付款條件再放寬？這些都要準備好方案跟客戶談。

搶救二：找單——找老客戶

找單子，就要回到老客戶。所以我常說老客戶是資產，不是負債。銷售不要賣完就走人，要顧好老客戶，這時就會知道老客戶的重要。

我在惠普時負責大型客戶，拜訪一位資訊長時，曾被他開腦洞。我跟他說：「資訊長，已經十月了，您明年怎麼規畫我們整年的採購及維護案？」他看了我一下說：「Nathan，你怎麼會問我這個問題？」我當時還很不解，怎麼了？

他說：「我們公司九〇%是用你們家的產品，應該是你幫我規畫才對，告訴我明年要採購哪些方案、哪些維護服務要做。因爲你們惠普是全球大企業，可以看到全世界的客戶，你要去幫我了解，我們公司明年可以導入哪些新的技術與方案，至少要提兩個方案給我才對啊！怎麼會是我整理給你呢？」

當下頭眞的是被打了一洞！我怎麼沒有想到這問題？所以，銷售們一定要好好關注你的老客戶，開始規畫他明年要買什麼。是你規畫好去找他，不是他規畫好來找你。

規畫有什麼好處？因爲是你規畫的，你最清楚客戶什麼時候要買什麼。當你去找他救急、幫你下單的時候，就會很清楚這個月他可以買什麼、下個月可以買什麼，這樣討救兵，才會言之有物。人家也會覺得提早一、兩個月下單沒關係。

平常要多做好事、人際關係打點好，擁護者多一點，這樣去找老客戶的時候才有用。所以口袋名單多一些，至少救急時，選擇對象不要只有一位。萬一此路不通呢？舉個例子，如果你要借錢，有幾個人可以借你？只有一個、五個，還是十個？一樣的概念，老客戶顧得好、平常的信用夠，救急絕對沒問題。

另外，有些單位年底的時候很好用，像是公家單位或財團法人。這種單位多半會有剩餘款，且必須執行完畢。如果你平常有在耕耘，培養不少擁護者，這時你去找他，他就會給你。我的經驗多半是在九月去找對方，確認對方有沒有剩餘款可以給。這部分對於救急也很有幫助。

搶救三：跪單——找即將成交的客戶

跪單的意思不是要你真的到客戶前面跪下來，這是態度問題。面對即將成交的客戶，你不要坐在辦公室等人家，他不會主動找來。你的客戶老闆們也都做過銷售，他們很清楚是你需要訂單，所以是你要主動去找他。相對地，他其實也在等你，不是嗎？反正只剩下流程問題，你去找他，不用害怕。我因爲跪單，意外培養出看書的習慣，因爲等待時間太長了。你每天在人家公司裡不知道幹麼，就看書，所以我滿贊成養成跪單的習慣。在跪單的時候，順便充實一下知識，不是一舉兩得？我曾經在高雄一家高爾夫球球具製造公司跪訂單，花了三天在會議室等老闆簽單，等待時間中把他們會議室將近五十本高爾夫球雜誌全部看完。

當然如果可以，把你的老闆帶去。如果成交，就寫封信跟所有人說，這個案子是老闆幫忙的；如果沒成交，也沒關係，至少老闆不會把你罵得太慘，因爲他知道整個狀況。

最後，最重要的是，要有永不放棄的精神，Never give up！關於永不放棄的故事，後面的篇章會跟大家分享我的親身經驗。

課後練習：掉單怎麼辦？

請不要找理由，拿出沒有退路的勇氣，面對挑戰。

1. 回想一下你曾經掉過哪些單？問題出在哪？
2. 如果重新來過，你會怎麼補救？又會怎麼找到解決方式？

Chapter 10【I】Identify pain

精準掌握客戶痛點——小單變大單

我不斷強調，銷售一定要從老客戶身上下功夫，不要賣完就走人、拚命開發新客戶，這會讓你事倍功半。同樣地，如果你能好好跟老客戶建立良好關係，把訂單做大，這樣對你來說才是事半功倍的展現。

這邊來教各位如何把訂單由小變大：兩個手法、三個做法、一個解法。

兩個手法：**賣夢想**、**賣焦慮**（**或賣威脅**）。

三個做法：**找痛點**、**挖痛點**、**踩痛點**。

一個解法：**給爽點**。

表九：兩個手法

	賣夢想願景	賣焦慮威脅
說法話術	如果解決會怎樣？	如果不解決會如何？
溝通對象	新公司	老公司
範例	如果解決能擴大市場	如果不解決會被時代淘汰

若你按部就班地照這些方法去做，就可以讓小訂單變大訂單。

兩個手法

手法一：賣夢想、賣願景。

手法二：賣焦慮或是賣威脅。

賣夢想的時候，要記得問一句話：「如果解決，會變怎麼樣？」

賣焦慮或威脅的時候，要記得問：「如果不解決，會變怎麼樣？」

以減重爲例，馬上就懂。現在有兩個人，一個是體重過重的年輕人，一個是過重的中年人。年輕人，你如果賣他威脅，他完全不會在意，他在意的是：「如果我變瘦，會變成怎樣？」面對年輕人，一定要賣夢想，告訴他：「變瘦以後，會自信、會帥氣、人緣會變好，在職場上發展也會更順利。」你必須告訴他這些夢想，他才會對減重產生興趣。

相對地，當你面對的是過胖的中年人，如果賣夢想，告訴他瘦了以後可以多交一些女朋友、變得多帥氣，應該是不會有太大動力。但如果你告訴他：「如果你不減重，健康會有疑慮，疾病會來，家人會擔憂，甚至連公司都可能會有危機……」保證他聽到這些一定馬上積極規畫減重。

以上兩個例子告訴你：要很清楚賣誰夢想，賣誰焦慮，對象要弄清楚，別反了，以免做白工。

回到公司上。如果你面對一家新創公司，年輕人你要賣他夢想，不用賣他威脅，讓他知道跟你合作完專案以後，公司的知名度與市場會打開到全球，未來的願景與藍圖可以如何發展。如果面對的是老公司，譬如二十年以上的企業，他們可能要面對轉型，那就讓他清楚知道：如果不轉型，後果與嚴重性可能會跟公司的存亡有關。

以 Nokia 爲例，它創下經典的金句就是「科技始終來自人性」。在 2G 的年代，它的確引領風潮，這就是賣夢想；但從 2G 轉型到智慧型手機時，它要面對的是威脅與焦慮，如果轉型不了會被市場淘汰。最近最夯的元宇宙，由臉書改名成 Meta，臉書是閒閒沒事改名嗎？當然不是！臉書也面臨了社群網絡的挑戰，後起之秀抖音、小紅書等，讓它知道已經拚不過，所以得另闢市場並試圖開展新的趨勢。Nokia 與臉書就是遇到市場的挑戰，必須面對焦慮與威脅。

三個做法

做法一：找痛點。

我們要先去看誰會痛，再看誰最痛。舉例來說，你是銷售，老闆是銷售經理，銷售經理上面有銷售副總，副總上面是總經理。如果整體業績沒有達到，誰會痛？四個人都會痛。誰最痛？銷售最痛，銷售經理也會痛，副總痛少一點，因爲經理跟副總可以從其他銷售或是銷售團隊的數字去彌補。因此，去找客戶的時候，你要識別出誰會痛、誰最痛，把他找出來，看看有沒有機會變成你的擁護者，讓他知道你可以幫助他解決問題。

做法二：挖痛點

在挖痛點的時候要注意幾件事情。第一，**要呈現事實**，第二，**要呈現數據**。這兩個東西一定要同時呈現才會有效。當你掌握事實與數據之後，可以從公司、流程、員工三個層面來分析。

- **公司面**

公司面看的主要跟錢有關。以庫存爲例，每家公司都有庫存，庫存使用前跟使用後的數據爲何？本來公司庫存一個月有五千萬，如果專案執行後，只剩五百萬，那當中的差異就有數字跟事實，即一個月公司庫存省了四千五百萬。

・流程面

流程面講的主要是時間。導入前跟導入後的差異爲何？導入專案前，一個流程需要兩個月，導入後剩下一個月。這省下的一個月可以轉換成金錢（成本），所以從流程來看，省時就是省錢。

・員工面

跟生產力跟流動率有關。如果導入新的系統，客戶業績可以提升二〇％，人員流動率可以減少一五％，這都是事實與數據，是從員工生產力與流動力提升數字與事實的證據。

以現在最先進的科技來說，如果你要賣客戶新的出勤系統，導入ＡＩ人臉識別，這是屬於流程面，那就要思考，沒有採用ＡＩ人臉識別之前，它要花企業主多久時間？要多少人來進行出勤作業？如果ＡＩ人臉識別讓這件事自動化，縮短流程，老闆省下多少時間與人力？影響多少產值？你要把這些效益換算成數字，讓客戶明白。

做法三：踩痛點

如果想成是在傷口上面撒鹽也可以，唯有更痛，他才會認眞思考成爲你的擁護者，讓你幫助他一起解決問題。踩痛點也要注意牽連、關聯與影響。也就是說，這個痛點踩下去，跟誰有關係？會造成多大的影響？你要想辦法讓這些人事物串聯起來，臺語叫做「牽拖」，就是要想辦法牽拖。這樣不僅成案的機會大，交易一旦談成，涉及的層面才會更深更廣，影響力更大，案子也會更大。

如果你賣 3D 設計工具給手機設計公司，提升設計的能力，這家公司用了你的工具後，設計週期果然節省三個月，這樣一來，你等於幫他將產品比對手提早上市三個月。一般銷售會以爲幫客戶縮短三個月的設計時間，案子就結束了，這樣思考，案子眞的無法做大。銷售菁英會怎麼做？他的產品提早上市三個月，你得加算一筆帳：所有新品上市前三個月利潤最好，而且占有市場優勢。你把這筆錢算出來，而且要算給老闆看，老闆一定聽得懂。這樣你的訂單保證會從小單變大單。

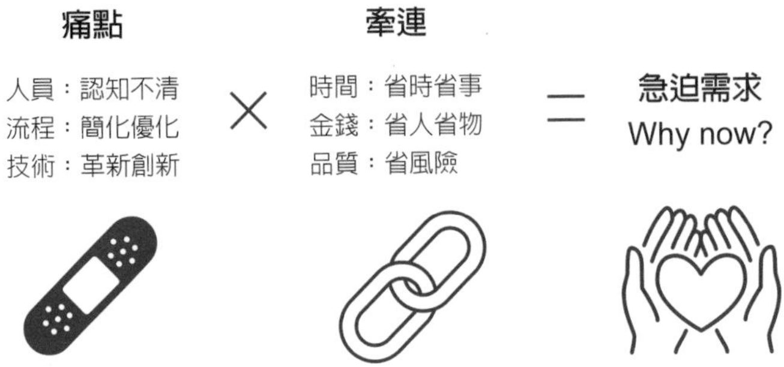

圖十：踩痛點

想辦法把痛點延伸出去，把更多人牽連進來，訂單自然就會變大！提供各位成交大單的公式：**痛點×牽連＝急迫需求**。

痛點×牽連，牽連越大，表示急迫需求越大，效果就越好。小痛就只有小單，大痛才會有大單。而且這個痛夠大時，老闆們專注的是：「可不可以讓我賺更多錢？」而不會專注殺價。

一個解法

這個解法就是**給爽點**。你踩了人家的痛點後，當然要給客戶爽點。很多銷售踩了痛點、完成訂單後，就莎喲娜拉。你有沒有想過，客戶也有他的客戶，如果可以思考一下，你賣產品給客戶、幫他提升效率，那麼客戶對他的客戶也當然會有幫助，這樣效果是不是就會更大？

如果你賣跑車輪胎，客戶是BMW，當你在跟BMW討論的時候，會聚焦在產品特性與維修。但如果可以有更細膩的思考，例如站在消費者立場，那你就會告訴BMW，你的產品特性是最容易吸引想買車的人，包括抓地力、加速更穩定、安全性等，都會比其他輪胎更優質。當你把這個串連起來，BMW一定會覺得跟你合作很安心，因爲你幫他想到他的客戶，所以你的價值一定會提高。

當我們給爽點的時候，客戶也會就以下四個指標衡量：

【算風險】跟你合作的風險有多大？

【算收益】跟你合作，他的投資報酬率有多大？多久可以回收？

【算成本】投入成本多高？

【算差異】他要自己做，還是給別人做？或是給你做？哪個划算？

圖十一：一個解法

不用擔心客戶這樣衡量，當他評估出來以後，相信訂單仍非你莫屬。

最後，因爲你把訂單搞大了，客戶的預算可能沒那麼多。沒關係，我們可以分階段進行，請記住這句名言：大處著眼，小處著手。

客戶為什麼無動於衷？

你跟客戶前面談得好像很順暢，但你可能會發現：客戶反應冷淡，無動於衷。爲什麼？你必須重新思考幾個問題。

你帶給客戶這些變化是威脅，還是機遇？

你有沒有眞正去了解以下幾個問題？

他們內心深處眞正關注的變化是什麼？

他們感受到的是機遇還是威脅？

他們需要如何應對變化？

我們的方案帶給他們的預期是什麼？

預期的變化是機會，還是威脅？

新技術與趨勢會影響「市場地位」的改變，接著就會影響「競爭地位」的變化，客戶需求也會跟著變。客戶會要求「調整新技術」與「開發新產品線」，這時候當然也會影響「市場戰略」的調整，公司組織會開始轉變，人員也必須跟著變。

你的擁護者與使用者都會變，可能會增加部門，可能被裁員。所以不同的角色面對這種變化，你有沒有細膩思考過他們會怎麼面對問題？你必須跟客戶共同識別、感知這個變化，了解對方的態度。我們現在試著把客戶痛點的層次拉高。你直接跟老闆談方案，老闆也覺得公司要改變，但對於使用者來說，他也這樣想嗎？

以工業4.0以及數位化轉型趨勢、工廠大量導入機器人及自動智能化來說，對員工來講，第一時間當然是威脅。他們要怎麼因應變化就很重要。不少公司都是高層決定了就去做，沒有考慮到底下員工怎麼想，結果造成人心惶惶。所以銷售一定要思考，你有沒有深入了解，跟客戶一起來探討這件事？

客戶面對變化的時候會產生四個態度，這四個態度會影響你的訂單成敗。

態度一：如虎添翼——好還可以更好，不斷前進

這種客戶希望越變越好，他願意追逐夢想，也有想法，能改變現狀。

面對這種客戶的做法如下：

1.帶他參訪或分享大廠的成功經驗。

我在西門子的時候常做這種事。當時在成都有一個工業4.0的示範工廠，很

多企業想改變，想導入工業4.0，但因爲這是新方案，他們不知道如何做，我們就會帶企業去參訪。讓他們到現場一看就明白差距、差別在哪裡，也對改善方向有清楚的目標。

2. **內部要形成共識**。

老闆同意了，底下人同不同意？當然要同意，那我們就要讓他們知道做這件事情對個人、公司的好處是什麼。公司一定要凝聚向心力。

3. **投入六〇%的時間培養這種客戶**。

因爲這種客戶很難得，你要陪他去思考怎麼讓他成長。

4. **投入智力資本，幫助客戶成功**。

我們要帶著公司專業的顧問團隊協助客戶往前走，讓他們離夢想更近。

態度二：亡羊補牢——小問題如果不解決，就會變成大問題

有個年輕人牧羊，有一天他發現柵欄破了一個洞，狼會來吃羊，一天吃掉一隻。剛開始只是小洞，但到後面如果不解決，羊都會被吃完，所以他急著把洞補起來。因此，對亡羊補牢型的人來說，不管你是賣解決方案、漂亮的趕羊竿、快速的剪羊毛器，還是其他工具，他都不在意。只要你趕快把洞補起來就好。

亡羊補牢的客戶習慣頭痛醫頭、腳痛醫腳，他不會想太遠，所以我們也要趕快幫他解決現在的問題，先不要跟他談未來。

面對這種客戶，做法如下：

1. 先止血。
2. 止血後，跟他培養信任感，再幫他重新規畫方案，讓他安心。
3. 這種客戶也很難得，雖然沒有比如虎添翼好，但也值得投資。所以可以

花二五%的時間來培養亡羊補牢型客戶，讓他一步一步往前走，最後變成如虎添翼的客戶。

態度三：我行我素——處在舒適圈，危機感也不夠

這種客戶通常是傳產業的老員工，他們對外面的變化感到威脅，但欠缺期待，一動不如一靜，覺得改變要慢慢來，因爲改了也不會比現在好，所以態度趨於保守。

面對這種客戶，做法如下：

1. 讓他從消極變主動積極。一定要花時間做教育訓練，超前部署，讓他們了解這個改變對他們的影響。

我舉兩個例子，第一個是亞馬遜。亞馬遜當初要做自動倉儲的時候，執行

長就在思考，如果自動倉儲做下去，可能有五百人以上會丟工作。因此他告訴這五百人，公司提供一年一萬美元的費用，鼓勵他們去找自己想學習的課程，一年內學好以後拿著證書，公司會幫他們調到適合的部門。亞馬遜讓這些人知道，不用怕未來沒工作，老闆都幫他們想好了。這是一個很成功的轉型，值得企業參考。

第二個是國內的案例，但是失敗案例。第二代接班人從美國回來，他接掌時認為公司一定要改變，走向智能製造、數位化，所以快速找廠商很快地談好工業4.0方案，迅速簽約。整件事只有廠商跟老闆高興，因此導入的時候，員工很反彈。因為員工根本沒有心理建設，害怕案子做好以後自己就會丟了工作，也怕新東西很難，學不來，會不會被取代？怎麼做都不對，案子當然失敗。

2.改變我行我素的客戶，要花比較多時間，所以建議大家投入一〇％心力就好。有空的時候再去培養，讓外面的趨勢讓他們明白，如果要改變應該怎麼走。這樣比較安全，也不會浪費太多時間。

態度四：驕傲自滿——陶醉自滿，抗拒改變

我們常常遇到這種人，他覺得現在很好，不用改，因爲改變不一定比現在好。他會說他都懂，你不用告訴他。他會以這行業的專家自居，並認爲現在就比未來還要好，現在做的就是未來的東西。

面對這種客戶，做法如下：

1. 把驕傲自滿的客戶從陶醉中拉回現實。
2. 如果花太多時間，就讓社會現實與趨勢改變他，可能快一點。
3. 建議花五%心力就好。

我在西門子時要賣AI自動化軟體給一家機械自動化公司，現場示範時一位有二十年自動化經驗的協理，看完把我罵得半死，足足K了我一個小時。他說：「這種東西還拿來賣我，我一看就知道怎麼做！」

我跟他說：「協理，你學了二十年當然知道怎麼做，那你現在找一個年輕人，學會這個技能手藝需要十年到十五年，我相信沒有人會來吧？」他覺得有道理，因爲他眞的找不到人。我知道他快退休了，所以跟他說：「協理，我們這個軟體剛推出，你要不要把這麼多年來的 know-how、經驗，跟我們的軟體結合起來，留給你原來的公司，傳承下去？未來的新人也不用學那麼久，可能兩年就學會了，這樣才找得到人。甚至未來繼續發展這個系統，還可以賣給更多客戶跟廠商。」

說服這類型的人需要花很大的腦力引導。除非你有把握、效益夠大，不然勸你擱著，先去做別的案子。別浪費時間，別忘了你一季只有六十天。

重點提醒

銷售除了要專注趨勢帶來的變化之外，也要清楚你的方案對客戶來說，哪些人會覺得是機會、哪些人會覺得是威脅，這就是痛點。如果不先弄清楚痛點，提再多方案給錯誤的對象，訂單可能都會沒有消息。

是機會還是威脅，要分辨四種態度的人，有的值得投入時間跟金錢，有的不適合。若不適合，該撤就撤，節省時間跟公司資源才是聰明的做法。

Chapter 11【C】Champion
一定要有擁護者——必勝的重要樁腳

前面章節陸續提到擁護者這個詞，最後壓軸，也就是MEDDIC最後一個字C，我們現在才準備請出來好好認識。

銷售圈有一句很重要的格言：「No champion No deal, Big champion Big deal.」

沒有擁護者，你就沒有訂單；有大的擁護者，他的位階高，你就會拿大單。沒有擁護者的單子，肯定會失敗。

為什麼需要擁護者？

你需要擁護者的五大理由如下：

1. 信任

去一家沒有任何人認識你的企業銷售，你覺得他們會相信你嗎？當然不會。公司基本上一定會比較相信自己的員工，而不是外來的銷售，所以你必須找一個內部的人，你可以信任他，他也信任你。這個人就能扮演你的擁護者，幫助你在推動案子時更順暢。

2. 引薦

擁護者會帶你去認識各個部門的人，這些人你平常是見不到的，因此對未來在決策流程時很有幫助。如果擁護者夠力，他甚至可以帶你去見決策購買者。

3. 精準對焦

如果沒有擁護者，你得到的資訊可能是碎片化、不完整的，擁護者可以幫你找到眞正的痛點，讓你知道公司眞正面臨的挑戰。這樣才可以提出精準的解決方案。

4. 代言

銷售一般都有許多客戶需要照顧，因此不可能一直待在某客戶端。當你不在的時候，擁護者就要扮演重要角色，包括幫你推廣專案、協助解決使用者的提問，甚至幫你在內部做宣傳，節省彼此的資源，也縮短你的銷售時間。

5. 成就

擁護者可以幫你的案子從點擴展到線，甚至到面。一開始，你談的可能是一個點；因爲他對部門熟悉，也知道接下來可以帶你到另外一個部門，變成一條線；再來又可以幫你介紹決策購買者，從決策購買者的角度來看，會變成是一個面。所以，擁護者可以幫你把訂單變大。

以我的經驗來說，有擁護者跟沒有擁護者的差別，訂單規模有時候會相差一倍以上。

擁護者的三個原則與必要條件

第一個原則：**越早越好**。

進入一家企業時，越早找到擁護者越好，這有助於提早布局。如果沒有擁護者，在客戶端你任何方案都是「問」出來的。那麼，無從判斷你問到的是真話還是假話，訊息也是亂的，方案只能拼湊出來，無法精準到位。如果能先有擁護者，擁護者會提供正確的資料、方向，你就會很清楚接下來要做什麼，有效掌握時程。

第二個原則：**越多越好**。

擁護者是不是只能有一個？當然不是！如果可以，你在每個部門都要有擁護者，這樣在決策流程、決策標準時都有人幫你，有助於加快速度、訂單更順。

第三個原則：**越高越好**。

想像一下，對手的擁護者是課長，而你的擁護者是副總，誰會贏？當然是你。如果你的擁護者職位越高，意味著對手門檻越高，甚至可以讓對手提早出局，而且訂單規模一定會變大。因為決策購買者看的格局不一樣，所以擁護者一定要越高越好。

擁護者的要件：PEPSI

擁護者在複雜的案子中扮演著極重要的角色，他會協助你做很多事情。擁護者需要具備的條件，可用五個英文字來代表：PEPSI。沒跟你開玩笑，就是百事可樂！

圖十二：擁護者的要件

【P】個人成就（Personal win）

擁護者必須要有個人成就，若對他沒好處，他怎麼會幫你？所以，你一定要清楚他的個人成就是什麼。

【E】見決策購買者（EB meeting）

EB就是決策購買者，擁護者要有能力帶你去見決策者或是幫你影響高層。

【P】權力（Power）

擁護者在公司內部一定要擁有權力，才推得動你的案子。

【S】內部銷售（Sell internal）

幫你做內部銷售。你不在客戶端的時候，他可以幫忙。

【I】影響力（Influence）

在公司內部也要有一定的影響力。

一個眞正的擁護者要有這五項條件。擁護者眞的要幫你做很多事，包括蒐集競爭對手的資訊、內部狀況（包括組織圖）、你不在的時候幫你做事，還有決策流程、決策標準，並帶你認識不同部門的人。所以要對擁護者好一點，因爲他眞的很挺你。

找出擁護者的個人成就

擁護者爲什麼要幫你？他是爲了自己，還是爲了部門？或是公司？他一定有自己的想法或目的。

我們先從公司角度來看，擁護者可能剛升官，他想要藉由這個專案的機會來表現，讓戰功被老闆看到。所以會積極地介入公司的案子，把專案做起來，成為老闆眼中的紅人。

從部門的角度，如果部門績效做得好，團隊一定會有獎勵，也有機會在集團或是企業內增加曝光度，最後對他的領導能力絕對有加分效果。

就個人面來說，我想每個擁護者心裡都有考量，他是為了表現好晉升，還是建立戰功？或是為了外面的機會？很多擁護者有時候會考慮一至三年後在外面發展的機會。

抓住擁護者的心，你要幫他建功

既然明白擁護者的成就需要被滿足，不管是個人、部門還是公司，他都在幫你推案子，你當然也要幫他。問題是，怎麼幫？有四個步驟。

【第一部曲】建專業

我們要幫擁護者建立專業。我會幫他製作專案的成功案例分享及報導。之前都在外商，所以我會做中英文兩個版本，在全球曝光，這對擁護者很有用。

【第二部曲】建品牌

有成功案例以後，我會把擁護者培養成意見領袖，就是業界講的KOL，也會常常邀他去外面演講。演講分享的時候，就會講他導入專案的成功過程，也包括辛酸史，增加曝光、提升知名度，當然也增加我們的品牌曝光。KOL講一句，比我講十句都還有用。

【第三部曲】建人脈

我當時在惠普的時候大型客戶不少，我會建立一個網絡，叫做擁護者俱樂部，為我在每家公司的擁護者成立一個俱樂部。我們會不定期聚會，分享彼此的經驗。我也會邀請新的擁護者加入，釋出人脈給他，讓他了解不同公司的資訊架構、安全控管、趨勢，不斷學習成長，也建立信任。

【第四部曲】建戰功

擁護者幫我們做了一個案子的時候，一定要把專案的效益量測指標完成，並安排機會簡報，讓他的老闆看見我們的努力，也讓老闆清楚花出去的錢，現在的成效如何、回收多少，幫擁護者建戰功。

所以我不厭其煩地提醒銷售，訂單拿到後千萬不要跑，要留下來協助團隊，幫客戶完成效率量測指標。以我的經驗來說，之前賣的是3D機構設計工具，每次拿到訂單後，每一季都會舉辦專案進度報告，案子可能還沒有做完，但沒關係，因爲是要讓客戶看見效益，因此一定要邀請老闆來。然後做成像是小小的獎勵表揚大會，我們會印製獎狀、做獎盃，簡報結束，由老闆來頒獎給表現傑出的專案團隊或使用者。

如果銷售能做到這點，我跟各位保證，客戶決策購買者一定會很信任你！

老闆都很在意花出去的錢現在是什麼情況，所以每一季主動辦專案進度報告，他心裡通常都會很高興。甚至我還遇過老闆看完報告後很興奮，主動加碼多下訂單。一個簡單的效益量測指標活動，力量強大，能建立信任又幫你拿到更多的單子。

如何培養擁護者，讓你的訂單不飛掉？

這樣談下來，相信你會明白擁護者的重要性。我在二十五年的銷售職涯中，經歷無數大大小小的案子，幾乎每個案子都有擁護者幫忙，不管是在流程上，還是合約上，擁護者眞的幫我省了很多時間。這邊來分享如何建立自己的擁護者。

建立擁護者有三個步驟：

- **找到擁護者。**
- **測試擁護者。**
- **培養擁護者。**

找到擁護者

當我要去拜訪一家公司的時候，我會先從網路與報章雜誌蒐集各種資料，好好了解這家公司。要了解什麼？

【拜訪前】

- **從網路或是同行之間打聽潛在客戶公司最近有誰升官**。

目的是要找到有權力跟影響力的人，因爲擁護者在公司需要具備這兩項能力，所以最近被升遷或之前被指派執行關鍵或重要專案的人，都是我要認識並培養的目標人物。

去客戶端拜訪的時候，我會問問去年公司裡最大的案子負責人是誰，了解一下案子執行得如何，這個人也可能就是你未來的潛在擁護者。

- **從人力銀行上的徵才訊息看公司最新的走向和策略爲何**。

這不是爲了找人，而是看企業的變化。如果公司要轉型或導入新專案，就會找新的高階領導階層或負責人，如安全長、AI長、永續長等。有時候我也會幫忙介紹人才，這對未來的合作很有幫助。

- **誰最經常代表公司在外面演講？**

我也觀察企業經常派出去在各大場合演講的人，有沒有我的潛在客戶？有的話我就會去報名參加，趁這個機會認識一下，看他在講些什麼，事先學習。

【拜訪時】

去客戶那邊拜訪，不管是簡報還是展示，進入會議室或演講廳，銷售要注意，不要東西都安排好了就把工程師或顧問丟下，跑去抽菸或打電話。你要做的事情還很多。

- **坐在前面的人是誰？**

我通常會看誰坐在第一排或前面。當人三三兩兩進來以後，他會去指揮誰坐哪裡，這個人我們就要注意，他可能握有權力。

・誰在提問題？

要注意會提問的人。主動提問表示他正在或曾經面對挑戰或是痛點，他希望得到解釋。我也會注意這樣的人，他可能是我的潛在擁護者。

・誰幫你解圍？

當聽衆問題很多的時候，誰來幫你？一定會有一個人跳出來處理這些問題，這個人我們也要注意。可能是他們的主管，或是有影響力的人。

・挑戰你的人

這個是比較傷腦筋的，因爲他可能從頭到尾質疑你，這時我心裡大概也有個底。第一是他眞的很「痛」，對事不對人，想解決現在遇到的問題；第二，可能是競爭對手的擁護者來搗亂，讓大家覺得你的方案不好。我們一定要平心靜氣地看待他，判斷他是屬於哪一種。

・大家會注視的人

大家問完問題，換我問。這時，我會看聽衆在注視誰，因爲當你問問題的時候，大部分的人都不會回答，但他們可能會看向某些人，我的眼神就會馬上轉向此人，請他來回答。

他真的是你的擁護者嗎？

恭喜你找到擁護者！但還需要確認他是不是你眞正的擁護者。接下來有五個方法能幫你確定。

- **請擁護者安排拜訪不同部門的主管**。讓他知道你要拜訪不同部門的目的是什麼。如果他的權力跟影響力不夠，可能沒辦法幫你這個忙。
- **請他解說公司組織圖**。組織圖對有些人來說是機密，這也只是測試。如果不方便，可以坐下來跟他一起把組織圖畫出來。組織圖的重要性在前面提過，可以回頭參考。

- **請他說明痛點的效益評估，以及老闆期待什麼。**

讓擁護者講出決策購買者對專案的期待，以及結案後效益量測指標所要呈現的內容。

- **安排跟決策購買者見面。**

如果他沒有這個權力，一定不敢做這件事情。

- **幫忙把決策標準換成對你有利的規格。**

讓對手因爲門檻太高進不來。

這五點測試完，就可以知道他是不是你的擁護者。

如何培養擁護者？

擁護者被我們找到了，也通過測試，最後要怎麼培養？這裡有五個方法。

1. **給訓練**

你不在客戶端的時候他要幫你，所以必須讓擁護者了解你公司的產品和服務的優勢是什麼。

2. **給答案**

你不在的時候他幫你推廣，萬一有人提出問題，銷售要能因應。你要把平常異議處理回答客戶的正確答案分享給擁護者，讓他正確回答。

3. **給結果**

你要跟他一起討論未來效益量測指標是什麼樣子，建立彼此的共識。

4. **給關係**

通常我會把新的擁護者介紹給舊的擁護者認識，讓他們可以彼此分享人脈與成功案例。

5. **給資源**

通常也會把擁護者介紹給我的老闆或大老闆認識。對擁護者來說，這樣更能認識我們公司，當他找資源的時候，也會有更多人支持他。

最後，我們可以用 MEDDIC 來確認擁護者的工作：

【效益量測指標】（Metrics）擁護者要幫你確認提出的效益評估是否正確。

【決策購買者】（Economic buyer）擁護者要幫你確定誰是決策購買者。

【決策標準】（Decision criteria）擁護者應該協助你定義決策標準方案。

【決策流程】（Decision process）擁護者要幫你說明決策流程的細節。

【找痛點】（Identify pain）擁護者要幫你發現他們公司的痛點並量化成數據。

【擁護者】（Champion）擁護者要幫助你蒐集競爭對手的訊息。

Q 外國客戶不容易見面，如何篩選最好的擁護者？

A 不論客戶在哪，購買產品及服務的目的是不會變的，他們要的是「多／快／好／省」。

- **多**：是否可以提供多種服務、少量多樣的彈性，或是一條龍服務。
- **快**：跟你們合作效率快／交貨速度快／溝通快／效率快。
- **好**：你們的品質好／口碑好／售後服務好／團隊及你人也好。
- **省**：永遠記住「三好一公道」，例如餐廳：菜色好／服務好／衛生好，價錢就會公道。

能與擁護者見面當然最好，但在網路時代，有很多案例證明，即使不見面也可以做生意、也可以變好朋友，尤其在Facebook、Instagram等社群媒體上最明顯。所以誠心誠意跟你的客戶做生意，解決他們的痛點。客戶不是傻瓜，他們會看出來你是不是真心誠意地跟他們交易。

第三部

不到最後，永遠都有可能性

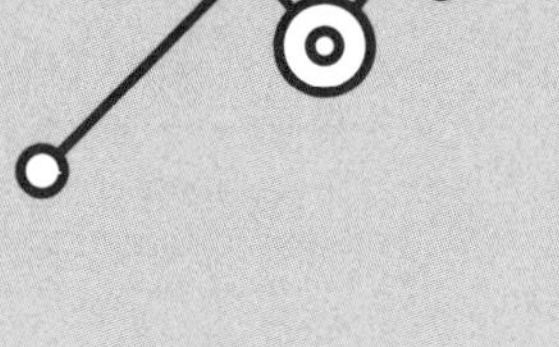

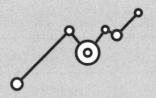

Chapter 12

對手殺紅了眼，怎麼辦？
亂砍價／攻防戰／我攻人家，同時守住

我剛去惠普時，就遇到一個超級挑戰。

在南臺灣具有相當分量的液晶顯示器廠（以下簡稱C客戶），蓋第一座工廠時，使用了惠普的製造執行系統（MES）方案。當時臺灣惠普並沒有太多實施的經驗及技術，所以找惠普的韓國團隊支援，讓他們派顧問來，技術協助一起完成這案子，同時也把Know-how技術轉移給臺灣團隊。萬萬沒想到，韓國人做到一半就被召回去做更緊急的案子，由於撤得太突然，讓案子開天窗。不難想見的淒慘結果是：惠普從此被列入黑名單，成爲C客戶的拒絕往來戶！

後來接著蓋的二廠、三廠，就眼睜睜看著競爭對手 I 公司整碗捧去。

我到惠普上班時，C 客戶的三廠已經完工結案，準備進入四廠的籌建。老闆何薇玲對於被 C 客戶列爲黑名單一事耿耿於懷，總是不光彩的紀錄，因此希望有機會漂白。她特別叮囑我不要放掉 C 客戶，有機會還是要想辦法重啓合作的可能。

當時我手邊有幾家大客戶，包括台積電、聯電、康寧玻璃等，都在臺南科學園區。我去拜訪客戶時，就順道去 C 客戶那兒走走。

剛去的時候，眞的是涼颼颼，被揶揄調侃是家常便飯。很多人還根本不理我，惠普信用那麼差，理我幹麼？如果是我這樣被開天窗，一定也會有一樣的反應，所以我不急也不氣，反正那是前人的事，我可以從零開始。雖然惠普被貼標籤，但我本人沒有包袱。

搶單：與對手之間的攻防戰

根據統計，全球企業服務滿意度A^+平均爲八十分。換言之，做得再好，都還有二〇％不滿意，滿意度不可能一〇〇％。別小看這二〇％，這就是你可大大發揮的槓桿空間，可以藉此成功搶下客戶。我就用這方式重新讓C客戶買惠普的單，我也因爲這案成爲業界口中的「南霸天」。

策略：以四個象限（影響、風險大小）思考，哪些產品與服務可以進入對手客戶內部。剛開始應以「影響小、風險小」的產品與服務進入，以免造成客戶與競爭對手的抗拒心理。接下來才是「風險小、影響大」→「風險大、影響小」的產品與服務。「風險大、影響大」的產品與服務，建議千萬別碰。

舉例來說，去人家果園偷摘芒果，摘一顆就好，千萬不要把整棵樹拔走。什麼能做，什麼不能做，要弄清楚。我們去攻人家、搶訂單時，不是把整棵樹連根挖起。以C客戶來說，正在生產線上、會影響當機停工的方案，一開始我絕對不去碰；我是從周邊開始，像筆電、印表機之類，從完全無傷大雅、不

表十：攻對手的老客戶

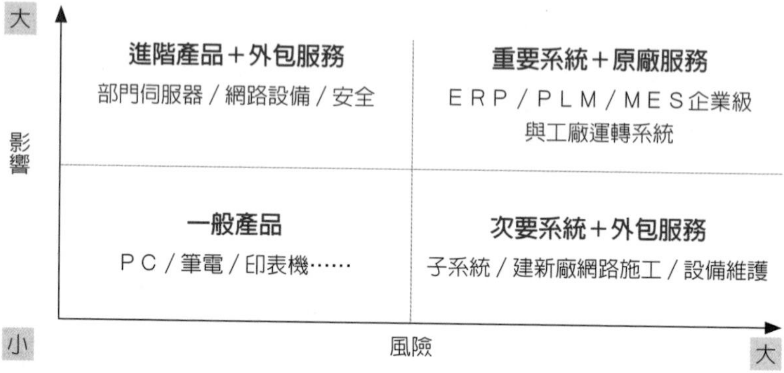

傷及對手利益的地方著手。這是一種以鄉村包圍城市的策略。

我去找C客戶的採購，跟他說：「你跟我買惠普筆電，不用錢。」

他眼睛一亮：「有這樣好的事？」

爲何我會這樣跟採購說？一般而言，當業主取得廠商的獨家供應時，是兩面刃，好處是獨家優勢，壞處則是價格很硬。因爲獨家，供應商會有一種姿態，讓業主居於不得不被動配合的狀態。因此我跟採購說：「我來配合報價，報價單至少要有兩份。」採購很清楚公司需要平衡，應盡量避免獨家採購。良性競爭各憑本事，獨家本來就容易有風險。我就用平衡的觀念，先從小單成功打進C客戶。光是要讓C客戶重新向黑名單的惠普下訂，就很了不起！

在這件事的策略上，我不碰核心工程、不踩地盤，只賣筆電這類硬體周邊，人家就不會覺得我是威脅。我常笑說，我的策略就像當小三，在C客戶與I公司之間槓桿，幫C客戶獲得最大利益。對C客戶這麼有好處的事，當然就能加速惠普的漂白，重返市場。

切記，不要當個短視近利不長眼的銷售。眞正的贏家，不是翻掉誰、搶了什麼大訂單，而是如何從中獲得彼此最大的利益。

鄉村包圍城市，小兵立大功

既然跟C客戶重修舊好，展開新的關係，當然要慢慢進駐一些產品，以便宜、不動搖核心的工程爲主。

在一次不經意的情況下，我聽說C客戶要去大陸建廠，心想這是一個機會，於是趕緊去問我當時的老闆何薇玲：

「董事長，臺商去大陸建廠，我賣的產品與服務，算臺灣的業績嗎？」

「當然算啊。」何董說。

我之所以要確認，是因爲有些公司會把在大陸銷售的業績歸給當地銷售，不算到臺灣頭上。當時惠普有個「大臺豐計畫」，就是去大陸設廠的臺商訂單可在臺灣下，等於臺灣團隊的業績，這對我相當有利。換言之，如果C客戶去大陸設廠，我可以利用這個機會拿到大陸廠的訂單，也算我的業績。同時也要旁敲側擊打聽對手I公司有沒有這政策。一打聽，結果沒有，I公司是把大陸建廠的訂單數字算在當地銷售身上。這對我來說，根本是撿到寶！天上掉下來的大禮，機不可失。

於是我又趕緊去找採購，問他們是不是要在大陸佛山蓋新廠。蓋新廠需要網路布建工程，這些都要外包，惠普可以當主包商，因爲我們有專業顧問做這塊生意，顧問團隊甚至可以在佛山駐點。

「你們在大陸建廠，生意要給當地的銷售嗎？與其照顧他們，不如照顧我們惠普啊！反正業績也不算在 I 公司臺灣的銷售身上。」我跟採購分享這些資訊。他一聽覺得有道理，於是要我也趕緊去跟資訊長報告。有了採購的背書，找資訊長報告時，他也認同我們的想法與規畫，而且我們也會派專業顧問去佛山監工與施工。資訊長聽完後馬上拍板成交。

一個廠建設的伺服器及網路設備，大概要兩百到三百萬美元，所以我的業績幾乎就快達成一半。在臺灣時，我用筆電、印表機等周邊設備重返 C 客戶，只占了他們的五%預算。這下大陸廠都交給我，伺服器跟我買，筆電也跟我買，周邊都是我的。

切記，我依舊保持工廠的核心系統不動。即使到此刻，我還是用鄉村包圍城市的策略，說是小兵立大功，但這些「小兵」累積起來也是很可觀的大錢。賣筆電一千部，也不會輸給系統；再加上大陸廠的網路布建，預算早就超過 I 公司的主要系統費用了。

服務加倍、加料

C客戶就這樣被我一點一點做起來。不只如此，有了這些生意後，我就開始找經銷商合作。我告訴他們：「C客戶未來的案子給你做，但你們要幫我請一個銷售助理，每天去C客戶那上班，專門服務這個重要客戶。」這樣一來，我的服務很明顯就跟別人不一樣。客戶有問題隨時都有人可以問，要報價隨時有人可以報，不僅效率好，也讓經銷商有錢賺。這種VIP的服務成型後，讓I公司銷售幾乎天天被客戶唸，因爲他們銷售不可能每天去客戶端，也沒想過有這種服務。結果C客戶內部就形成了一種氛圍：「惠普沒什麼生意都派人來駐點服務，I公司你生意這麼大，卻沒這種服務，很跩喔！」

前前後後花了六年的時間，惠普終於從黑名單漂白，也把業績做起來。我們把佛山、寧波的單子都拿下來後，在C客戶的大陸業績中占了九〇%，其他廠商才一〇%，等於幾乎全拿下了。

當一名銷售菁英一定要建立戰功。我用鄉村包圍城市的戰略，花很多時間經營。我幾乎每天都去拜訪客戶，上午一早去高雄楠梓的A集團，結束後再開車去臺南陪客戶吃午餐，再拜訪T企業，最後到C客戶那裡喝下午茶，讓大家經常看得到我。我就是I公司最好的槓桿，以免單一廠商太過拿翹。這需要一步一步來，不要急也急不得。別想一步登天，老是想把人家核心系統換掉，這是錯誤戰略。

切記，拿到訂單後不要走，要把效益量測指標投資報酬率做出來。老客戶是資產，不是負債，爲什麼還要很辛苦地一直打陌生電話？你沒有老客戶嗎？好的保險業務是怎麼做的？當你的保險業務員服務得很好時，你買完買滿保單後，他會請你幫他介紹兩個朋友，讓他去開發，我想你應該會幫他。客戶講一句好話，比你講十句還有用，所以一定要花時間在老客戶身上。

別人來踩地盤，就要擊退

前面我要大家偷摘芒果時，別把樹連根拔起。但是，如果別人來摘你的芒果，就得竭盡所能擊退他。以下這個例子，又讓我跟I公司梁子結得更深。我們的戰場在A集團，I公司這回差點就要成功偷摘我的芒果，讓我幾乎失去訂單，但最後戲劇化逆轉勝！

A集團的ERP原本用SAP財務系統，他們想升級導入更多系統模組，於是很自然地在第一時間找我，畢竟他們九〇%的系統都是惠普的。當然也找了I公司，畢竟I公司轉型後在顧問服務專業上很強，且在SAP導入的經驗也多。當時I公司在ERP系統導入的部門大約有一百人，相對惠普在這部門不到十人，因此開始評估及簡報後，孰優孰劣很清楚。I公司經驗夠，顧問也很會講，A集團團隊評分幾乎一面倒，我自己心裡也清楚這案子應該不保了。所以我每天都在思考要怎麼做才能扳回一城，如果輸了這局，大門一被打開就會被慢慢侵蝕。針對企業評估導入ERP系統，當時業界的做法，往往是來客戶端訪談需求的顧問是一組人，拿到訂單後執行的又是另一組人。這樣經常發生一種狀況：來客戶端訪談提案的顧問爲了拿到單子，有可能講得天花亂墜，爽快答應客戶的需求；但成交後，另一批人來執行，萬一沒有交接好，很容易發生前後不一的情況，就會造成客戶與廠商的糾紛。於是我想到一個辦法，就是訪談的顧問與未來導入的顧問，得要同一批人。好不容易想出可能在被幹掉的局面中逆轉勝的方式，我趕緊跑去找 A 集團資訊長。

「為了你們公司好，我建議合約再加一條標準進去。」我說。

「加什麼？」

「就是來訪談提案的顧問跟執行顧問要同一批人。」

他不太懂，問我為什麼。我說，第一，講的人那麼了解客戶，但是做的人接手之後可能不認識、也不了解客戶的狀態，這可能會引起糾紛，市場上有太多這種例子。我很誠懇地跟資訊長說：「這案子我拿不到沒關係，但是為了保障你們的權益，這條規定很重要。」

我承認，這是心理戰，但我很誠懇也是事實。我不是為了自己，是為了你（業主）。就算輸了訂單，但還有個可能：我賭對手做不到這要求。你或許會問：「如果對手做到了呢？」那很好，對我沒影響，跟結果一致，我本來就是輸家。但是，如果對手翻船呢？

資訊長覺得有道理，就跟總經理報告。想像一下：對手Ｉ公司當時開完簡報會議，應該就開始慶功了，很明顯，局勢是站在他們那一邊。後來我從旁得知，他們對這條規定視若無睹，專案執行時執行團隊少了一半，結果資訊長很火大，把他們罵了一頓。火燒到總經理，最後把案子撤掉。然後，訂單默默回到我手上。

這對Ｉ公司來說，根本就是已經入口、正在咀嚼的鴨子，竟然還飛了！Ｉ公司的團隊及高層因此對我相當耿耿於懷。我這攻防戰，瞄準的是他們不遵守決策標準的規範。

總結來說，這就是我一開始提到，當對手來偷摘芒果，就得竭力擊退。我在攻人家的同時，也要守住，不能一邊打一邊輸。我的好業績一直都是這樣保持的。

攻防戰略提要

「攻」的做法：

1.服務——聯盟駐點：要讓客戶隨時找得到人，馬上可以報價。

2.勤勞——時間分配：可以選午餐、晚餐或週末的打球時間，都可以出現。

3.取捨——長遠規畫：產品策略規畫（人無我有、人有我強、人強我繞、人亂我專）。

「守」的做法：

1.服務——聯盟駐點：增加駐點合作夥伴，讓駐點處隨時有人，有錢大家賺。

2.勤勞——時間分配：一天多跑幾家客戶，攻守遵守二〇／八〇法則（守八〇%），早餐、下午茶、出外參訪、月會訪談時間都可以安排。

3. 取捨——有捨有得：不給主要競品而是給當地廠商，成為客戶會一直想到的人。

4. 升遷：合作後伴隨很高的機會被看見，並且升官加薪。

Chapter 13 永不放棄

我五專畢業後，工作了幾年，一直換工作，也沒有賺到錢。聽朋友說科技業的外商公司薪水及獎金都很高，馬上燃起我的熱血。在朋友介紹下，我也沒多想，就跑去參數科技應徵。後來才知道，外商公司裡滿滿的碩士生、留學生，學經歷都比我強好多倍。雖然應徵時遭受不少挑戰和折磨，但我也沒在怕。總之，應徵上了，就是我賺錢翻身的好機會！

參數科技報到的地點在臺中，有三天新生訓練，但最尷尬的是，我當時口袋只剩下兩千元現金。由於被停卡，也沒有信用卡可用，只能選擇搭火車。當時心想，火車票來回八百多元，加上計程車，公司也支付旅館費，應該沒問題，還剩一千元。如果同事請客的話，勉強可以過三天。

到了傍晚準備下班，我問業務助理飯店住宿的細節，助理告訴我公司有配合的飯店，一晚兩千三百元，銷售先墊支，再報帳請款。一聽完，我兩腿發軟，這下可糗大了！錢不夠，怎麼辦？總不能第一天上班就跟同事借錢。於是找了一家一晚六百元的便宜旅社。

第二晚沒錢住旅社，於是硬著頭皮去跟老闆說：「我已經把公司及產品簡報學會了，可以回高雄開始跑客戶，邊做邊學，效果更好。」老闆聽我這樣說，半信半疑，他要我下午簡報給他看，如果通過，就可以回高雄。我趕緊利用上午把簡報全部背起來，下午順利通過考試，同事還開車送我去臺中火車站。然後我請老婆騎摩托車到車站接我，記得當時口袋裡還有五十三元！

這段往事聽起來好笑也荒謬，我怎麼會窮到這個地步，卻一點都不覺得困窘，還能這樣沉著應對、想盡辦法？或許這就是我的特質：不怕挑戰，不斷面對跟解決。

因爲沒錢，讓我有最大的動力拚命賺錢。

第一張訂單——差點滑掉，三小時化險為夷

這是我在參數科技的第一個案子，雖說是初生之犢，很衝，但實在是沒經驗，不知道危機就在眼前而輕忽了。

客戶決策的人是技術買家，也是使用者買家，公司做彎管機，對手產品比較便宜，而我們的產品較複雜、價格也高，但客戶在設計大型組裝零件時速度會比較快，可以幫助他們提升效率。當客戶告知訂單被拿走時，我心都涼了，趕緊告訴老闆。當時老闆在臺北開會，要我一定要去告訴客戶，給我們一個機會見董事長，至少讓我們知道是怎麼輸了。

還沒有發訂單，都還有搶救的機會；即使發了訂單，還沒付錢，也有機會。所以拜託技術買家讓我們見董事長，他一開始拒絕，我央求再三。後來客戶答應了，對方老闆也是業務出身，覺得我們很積極，所以認爲不妨見個面。於是我從高雄開車到臺南，老闆從臺北飛臺南，我也帶上技術人員，約在客戶公司見面。

我老闆 James 親自跟董事長簡報，從公司的願景、品牌，在國際上的知名度到技術層面都談。James 一直強調參數產品的未來性，因爲客戶的產品都要銷到國外，技術會越來越進步。參數的產品雖貴，但有前瞻性，目前客戶屬意的廠商價格雖便宜，但未來面對複雜的機器，可能在設計上會有瓶頸，甚至得花更多成本汰舊換新。最後，老闆告訴董事長，由於現在用不上所有功能，因此價格可以再談；而未來成爲參數的客戶後，我們可以協助客戶曝光、加以報導，讓全世界都知道他的品牌，可大大提升品牌價值。我們的產品與他們屬意的廠商差價才十萬元，光是這廣告效益就不只十萬。

我出門都會帶印表機，談一談看對方有點心動，老闆當場降價，我也就順勢拿出印表機。董事長嚇了一跳，對於銷售攜帶印表機嘖嘖稱奇。我就馬上把合約印出來，當場簽。董事長也同時要技術買家跟對手說，這單子已經跟參數科技合作了。結束時差不多是六點，董事長請我們一起去晚宴，晚宴對象是他們的日本客戶，也把我們上一刻熱騰騰、峰迴路轉的合作過程分享給日本客戶。他們對於我們的行動力與誠意深感驚訝，也對參數在日本市場的占有率及軟體品質非常有信心，這無異是在幫我們背書，讓董事長改變心意的決定更加安心。

這件事讓我明白，身為銷售心思要細膩敏銳，拿單之前要注意所有可能的突發狀況，不可輕忽任何細節。而老闆親自陪我跑一趟，堅持到最後，他的以身作則讓我非常感動，使我人生第一張訂單不僅化險為夷救回，而且學習到最基本的態度，在往後的職涯中有了一盞明燈，不輕易迷失，永不放棄。

第一次跪訂單——堵人，賭一把

過去教師節是國定假日，參數科技的年度結算日期是九月三十日，那年正好碰上連假，我發現有一張訂單可能會因假期拖到下一季而滑掉。如果沒在九月二十八日之前把合約簽好，等到九月三十日上班後再處理就來不及。

當時客戶在嘉義，我是二十五日拿到這張訂單，總經理已經把訂單簽完，但因為金額超過一百萬，需要董事長蓋章。結果好巧不巧，董事長正好出國，二十八日當天才回來，要等到連假後的十月一日才上班。若要等到董事長上班，就已經超過我的會計年度了，根本來不及。於是我問董事長祕書，董事長的班機是幾點到機場，她告訴我是二十八日當晚七點多，我當下決定直接去機場等他。但我沒看過他，他也不認識我，所以我先看了一下董事長的照片，然後做了一張寫上他名字的牌子，去機場出關處接人——堵人！

既然堵人，也不是堵到簽約就好，我還派車一起去，把這趟接送做好做滿。當我舉著牌子在出關處等待，董事長一臉莫名其妙地走過來問我：「你哪位？」我趕緊把名片拿出來給他，簡單自我介紹。他看完名片問我：「你來做什麼？我又沒有叫人家來接我。」董事長的口吻很直接，可以理解，畢竟這樣突如其來地接機，讓人心生防備。我趕緊向董事長說明來意，也誠實告知：「有一張訂單陳總簽了，但我們公司的年度結算是九月三十日，而您十月一日才會回嘉義，這樣訂單作業會來不及。所以很冒昧特地來這邊接您，順便跟您報告這個案子。」董事長一聽就打電話給陳總，陳總跟他確認有這個案子，「是 Nathan 處理的。他一直協助公司規畫這次的專案，是很用心、勤勞的銷售。」

這下，董事長終於放心，用熱切地口吻跟我說：「來來來，一起回去！」所以我就跟董事長一起回到臺北的家，他還請我吃飯。

用餐過程，他用臺語問我：「范兄，你十月份什麼時候有空？」這突如其來的提問讓我愣了一下，他接著說：「我想請你來幫我的業務上堂課。你這種精神是怎麼培養的？如果我那些兔崽子能夠像你這樣，我就不用那麼辛苦了。」哇，當下我鬆了口氣，董事長很肯定我這樣「堵他」。老闆絕對喜歡勤勞的銷售，說不定他去美國談業務，也是這樣堵人。

那時相當缺錢的我，根本沒多想，就是拚命跑業務、要訂單。沒錢，成了我勤跑業務很大的動力。讀者可以回想，當時我連一晚的住宿、回程交通可能都沒著落，那種被錢追著跑的感受，灌注到我對每一張訂單的努力。每張單子對我來說都很重要，所以我在業務上的養成教育就是「永不放棄」。

第一次「一次成交」——裝備帶上，訂單跟著走

參數科技早期因爲需要展示3D的CAD／CAE設計系統，所以業務出門時都需要隨身攜帶重裝備，帶著十七吋的顯示螢幕、工作站電腦，外帶一個小拖車，方便也省力。大家可以想像一下，那時候的電腦跟螢幕都是又大又重，不像現在有輕便的設計。那我幹麼像老牛拖車般拖著龐大設備去拜訪客戶？因爲那時候賣的工具是革命性產品，客戶需要從2D設計轉換成3D設計，非常前衛又新穎，需要親眼看到3D的價值才有說服力。所以當時全臺參數科技的銷售們，後車廂都必須裝得下這些裝備。而我還會多帶一個行李箱，裡面裝一部電腦及印表機，隨時準備簽訂單使用。眞的是這樣幹的，一點都沒灌水。

我曾經去雲林一家做包裝機的公司拜訪，那家公司在廣大無邊的雲林田間，工廠後面還有鐵路，不時有火車經過。如果不注意，根本不會知道在這偏僻的稻田中有機械工廠的潛在客戶。那天，我照例拉著拖車，上面放著十七吋

大螢幕及工作站電腦，帶著工程師拜訪老闆。老闆很熱情，沒有架子，邊嚼檳榔邊吐檳榔汁，還問我要不要吃。然後把他的工程師叫來看我們的演示，工程師沒看過3D軟體，看得津津有味，董事長在旁邊接電話，有點忙。

「董仔，一起來啦！」我說。

「我看嘸啦！」他邊說邊嚼檳榔。

我的工程師每展示一個對他們有幫助的功能，我就會故意停下來跟董事長說：「工程師說這功能很有幫助，可以節省四〇%的時間。」講了幾次，董事長終於受不了，乾脆坐下來看我們展示。看到很多新功能，連他自己都很驚訝。

簡報結束後，我馬上打報價單，當場用印表機列印出來。他一看嚇到，問我在幹麼？我說：「你的工程師說不錯啊，所以可以來簽約。」董仔第一時間很想拒絕，他說：「哪有買東西這麼快？要想想、評估看看啊。」

我當下問董事長：「如果你的工程師覺得不錯，對他的工作有幫助，當然對你的生意也會有幫助，那還要想什麼？如果只剩下價錢要考慮，那我們就來談價錢。」

我們開始進入價格談判。我用臺語跟他溝通。我說公司有計算過，我們這樣跑一趟，我和工程師一個人一天成本一萬元，兩人要兩萬元。接著我回去送報價單，再回來跟你議價，可能至少要三次：「不然這樣，你現在買，我便宜六萬元給你！」

他一聽，六萬元？也是錢！我看到他的眼睛發亮，表示有點心動了，繼續加碼敲邊鼓：「如果現在確定，我可以馬上安排工程師來幫你們上課，再送兩天免費課程。」董仔覺得有道理，就現場簽約了。

爲什麼我當下這麼積極？如果我眞的讓他想想，當場離開，就冷掉了。他可能會問問朋友、比比價格，可能會改變心意，所以打鐵要趁熱。關鍵是，你什麼都帶著，不僅工作方便，人家也會感動。拖著行李、帶著印表機，有訂單馬上簽，不是很好嗎？沒有訂單會被你漏掉。

客戶要什麼，你隨時都能滿足，這樣的業務，不讓人佩服都難。這是一種精神與態度。有了這次一次成交的經驗後，我更有信心在展示後就嘗試推訂單，再也不會害怕。機會是留給準備好的人。

老闆永遠喜歡勤勞的業務——努力賺進第一桶金的歷程

我跑業務最精采的一次是，曾在一天內做了五場展示：早上兩場、下午兩場，然後陪客戶吃晚飯，最後一場是晚上十點開始。

你千萬不要以爲夜深了，不要打擾客戶。如果你的客戶是狂人、大老闆，他一定是拚命三郎。那次，夜晚十點的客戶是臺南西肯設計的林勝吉老師，都經過二十五年了，我還印象深刻。他約我看產品展示，我說：「老師，對不起，我剩下十點才有空，可以嗎？」林老師二話不說，馬上答應。

當晚十點我去他家，離開時是十二點。

所有有成就的老闆都是工作狂，就算你沒去跟他簡報，他也還在工作。所以，我要跟各位講的重點是：老闆厭惡白目的銷售，但絕對不會討厭勤勞的銷售。你認眞做，幫公司賺錢，哪個老闆不喜歡？

這種精神，從我踏入參數科技就被訓練養成，深深奠定爲基礎。之後不管去哪，我都是不斷活用這樣的態度，這也是我在銷售上能力保業績不墜的重要原因。

最後，我惠普的前老闆 Jerry 一直提醒我，當你拿到訂單時要記得去跟所有人說謝謝。一張訂單能夠簽成，不是只有採購的功勞而已，從下到上，要給幾個人蓋章？這些蓋章的人，都是你要感謝的人。心存感恩，一一道謝，這也會突顯你的價值。當你有價值，人家就會爲你留位子。

Q 我為何都在外商？我都如何保持熱情？

A 我出社會時的學經歷並不比別人好，當年外商擁有最頂尖的人才。但我五專畢業、沒讀大學。在參數科技，大家不是留美就是留英，都講英文，所以我要比別人更努力。到了惠普也一樣都是講英文，連考試都用英文，這下刺激到我了，所以趕快去唸EMBA。我的英文說寫，寫比較弱，我就一直多說，到處找機會演講，透過讀書會、簡報等，甚至主動跟老闆爭取向客戶簡報演示。當時工業4.0很新，我主動爭取機會向客戶解說，老闆看我很積極，全都交給我。為了二十分鐘的演講，我用了二十天，把工業4.0的資料全部蒐羅閱讀，我就是用這種方式磨練自己。在外商工作，常跟外國人開會，會覺得他們都很強，又逼得我得往前衝，所以看了很多相關的書。

其實也不一定要在外商，但環境很重要，像台積電、聯電、聯發科都有高手。要選一個能讓你成長的環境，如果你所在的環境，你是排在前面或第一名，建議你趕快換個環境，不然舒適圈待太久，會喪失鬥志，自然沒熱情。

結語

給正在閱讀本書的你

書寫到這告一段落，讀者也一起經歷了完整的 MEDDIC 紙上練兵。希望這本書是各位最好的教戰手冊。在理論與實際之間，可以反覆來回運用、增強功力，並領略個中道理。

最後，我想再把各位帶回培育「銷售菁英」這角色上。「培養銷售菁英的 4R 飛輪」，是我在最後要給大家的核心概念，並且把 MEDDIC 再複習一次。四口訣與四 R 請記下：**選**（Recruit）、**育**（Retrain）、**用**（Review）、**留**（Reduce）。

【選】找 A 咖

什麼是 A 咖？是要有經驗／無經驗？富二代／窮小子？好青年／小聰明？

被動型／主動型？底薪高／獎金高？你要怎樣的人，需要定位清楚，才能找到A咖。

【育】多培訓

兩個好態度很重要，包括準確預估與有效時間管理；並要具備三個好功夫：琅琅上口、異議處理、多元軟實力。

【用】多檢查

前面文章提及的六問，請一定要自問清楚，並且確實內化 MEDDIC 的概念，以至於熟稔操作運用。

【留】少流動

所謂滾石不生苔，人才培育不易，流動是種耗損。因此身為主管的你，應該要讓員工安心，專注衝刺業績，減少人員流動。所以要因材施教，適才適所，與員工之間每月一對一訪談，協助完成年度高目標。你若是部屬，希望向上提升，也可比照自我要求貫徹。

我相信這些概念對於每位銷售主管想培養銷售菁英的計畫有所幫助，讓我們打破銷售界常說的「好銷售不會是好主管」的魔咒。

很幸運地在這本書完成之際，能夠進入SAP，展開我另一階段銷售管理的職涯旅程，繼續把二十多年學習MEDDIC的心得，再次發揮於銷售與培育菁英之上，並且化為文字，與更多人分享共勉。

當然，這本書若能夠讓讀者隨著我的經驗而在商場上切身運用，以因應各種變化，都要感謝當年參數科技的培育。如果不是他們錄用了當年那個窮小子，也不會有今日能夠流暢運用MEDDIC的我。

也非常感謝惠普的信任，給了我最大的挑戰，讓我在職涯創下個人輝煌的戰果。在西門子軟體中開啓了工業銷售主管的4.0視野，也開始扮演銷售主管角色。科睿唯安是我在管理上成長最快最多的地方，泱泱大風的視野，讓我的格局更上層樓。

其他在書裡提及的，不論是合作夥伴或是對手，如果沒有他們的信任與競爭，我也沒有實驗場甚至舞臺可以發揮、運用、展現。

當然，最後要感謝我的家人，以及一路以來默默支持我的妻子 Rosemary。交往之初，沒害怕我這窮小子能否給她幸福，很勇敢地選擇了我。結褵近三十年，經歷過無數風風雨雨，陪我走過人生中三大起伏且不離不棄。在疫情期間，我悶頭 K 書、錄課程、寫書，她也始終沒有第二句話，就是陪伴。

謝謝親愛的妳，讓我能夠有所展現與成就。

Metrics	面對新客戶不知道要講什麼？怎麼讓老客戶持續回購，建立關鍵衡量指標(你的產品或服務能提供客戶多大的利益)	業務關鍵 6 問：Why buy、Why now、Why you、Why lose、Why slip，想像自己是新創公司的 CEO →投資報酬率→產、銷、人、發、財、資。時間、資源、資金、隱性價值。減少什麼？增加什麼？改善前、改善後？故事行銷……
↓ Economic Buyer	為什麼案子總在最後一刻被否決掉？ 找到購買決策者(找到能夠做決策的那個人) 與決策買家的溝通技巧、痛點數字	準備會議資料，好的提問。1. 總結報告、2. 對等的談判、3. 把你老闆找來。3 個版本的簡報。60 秒介紹。冷靜面對、勇敢提問。Why buy、Why now、Why you ，溝通技巧。
↓ Decision Criteria	怎麼讓客戶對我們的產品感興趣？ 明白決策標準(哪些因素會直接影響到買家是否購買)	決策標準──打仗前的準備、差異化、產品功能定價、效益衡量指標定價、智力資本定價。關鍵人物、溝通技巧 + 關鍵一票→潛在決策影響者：4 種關鍵買家的角色──決策、技術、使用者、顧問。
↓ Decision Process	如何有效縮短銷售週期，避免訂單延遲成交？ 掌握決策程序(買家的採購流程為何) 要拿訂單，你不能忽視的潛在決策影響者	3 種決策流程：技術驗證、訂單採購、法務審核。找出流程的人、事、時、地、務。合約有三多，簽核多、部門多、不敢簽的多。Why slip: 流程太長、急迫性不夠、擁護者力量不夠、對手競爭。行動：補單子，找新客、找單子，找老客、跪單子，即將成交的客戶。心態：認真面對、銷售不要在辦公室
↓ Identify Pain	如何成功開發新客戶並取得信任？ 發現真痛點(自家產品如何解決顧客面臨的問題)	跟據統計再好的系統還是有20%的不滿意，破口：切入點、平衡點、利益點、連結點。防守：服務點、傾斜點、關係點。全球趨勢：機遇還是威脅？客戶的態度：如虎添翼、亡羊補牢、我行我素、驕傲自滿。
↓ Champion	產業太多競品，怎麼更加聰明地突破讓客戶買單？ 找到內部擁護者(與具有影響力的員工建立關係)	擁護者：越多、越早、越高越好。必備條件 PEPSI ── P: 要有個人成就(個人、部門、公司)，E 要排決策者會議 ，P 要有權力，S 在內部幫你銷售，I 要有影響力。抓住擁護者的心：1. 建專業 2. 建品牌 3. 建人脈 4. 建戰功。 擁護者的 5 個任務測試。協助擁護者：給訓練、給方案、給結果、給關係、給資源。

Eurasian Publishing Group
圓神出版事業機構
用心與你對話 · 視野無限寬廣
方智出版社
Fine Press

www.booklife.com.tw
reader@mail.eurasian.com.tw

生涯智庫 206

MEDDIC 世界一流的銷售技術

作　　者／范永銀
發 行 人／簡志忠
出 版 者／方智出版社股份有限公司
地　　址／臺北市南京東路四段50號6樓之1
電　　話／（02）2579-6600 · 2579-8800 · 2570-3939
傳　　真／（02）2579-0338 · 2577-3220 · 2570-3636
總 編 輯／陳秋月
副總編輯／賴良珠
主　　編／黃淑雲
專案企畫／尉遲佩文
文字協力／陳心怡
責任編輯／胡靜佳
校　　對／胡靜佳 · 陳孟君
美術編輯／林韋伶
行銷企畫／陳禹伶 · 王莉莉
印務統籌／劉鳳剛 · 高榮祥
監　　印／高榮祥
排　　版／莊寶鈴
經 銷 商／叩應股份有限公司
郵撥帳號／18707239
法律顧問／圓神出版事業機構法律顧問　蕭雄淋律師
印　　刷／祥峰印刷廠
2022年8月　初版
2024年6月　7刷

定價 350 元　　ISBN 978-986-175-690-5

先嘗試性提案，讓客戶知道你不會強迫推銷，而且隨時有權拒絕，他才會認真思考是否需要你的商品。

——《頂尖業務有九成靠劇本》

國家圖書館出版品預行編目資料

MEDDIC世界一流的銷售技術／范永銀著. -- 初版. -- 臺北市：方智出版社股份有限公司, 2022.08
256面；14.8×20.8公分 --（生涯智庫；206）

ISBN 978-986-175-690-5（平裝）
1.CST：銷售 2.CST：銷售員 3.CST：職場成功法
496.5 111008943